科 普 知 识 馆

# 奇妙的化学世界

潘秋生 编著

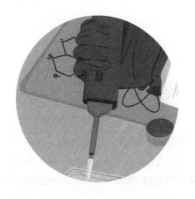

航空工业出版社

北 京

## 内 容 提 要

化学是研究物质的组成、结构、性质及变化规律的科学。宇宙是由物质组成的，化学则是人类用以认识和改造物质世界的主要方法和手段之一，它是一门历史悠久而又富有活力的学科，它与人类进步和社会发展的关系非常密切，它的成就是社会文明的重要标志。

## 图书在版编目（CIP）数据

奇妙的化学世界 / 潘秋生编著. -- 北京：航空工业出版社，2018.1（2022.4重印）

ISBN 978-7-5165-1415-3

Ⅰ.①奇… Ⅱ.①潘… Ⅲ.①化学－普及读物 Ⅳ.①06-49

中国版本图书馆CIP数据核字(2017)第307782号

奇妙的化学世界
Qimiao de Huaxue Shijie

航空工业出版社出版发行

（北京市朝阳区京顺路 5 号曙光大厦 C 座四层　100028）

发行部电话：010-85672688　010-85672689

三河市新科印务有限公司印刷　　　全国各地新华书店经售

2018 年 1 月第 1 版　　　　　　2022 年 4 月第 3 次印刷

开本：710×1000　1/16　　　　　字数：110 千字

印张：10　　　　　　　　　　　定价：45.00 元

# 前　言

　　人们的日常生活中，处处离不开化学，懂点化学知识，让生活更知性和明了。服装，尤其是现代的服装，很多都是用化学方法生产制造的人造纤维；食物，人一天需要多少蛋白质，需要多少微量元素，从哪里摄取，化学可以告诉你；进食后，食物如何消化分解，如何进行反应变化成为人体所需的能量，生物化学可以告诉你答案；哪些物质是有毒的，是致癌的，如何避开这些物质，使自己不要遭受不必要的伤害，化学也可以告诉你。

　　化学是有趣的。石墨与金刚石，看起来是截然不同的两种东西，竟然都是碳原子组成！美甲天下的桂林山水，原来是碳酸钙这种不起眼的物质化学制造的！美丽的烟花爆竹，为什么会这么五彩缤纷呢？还有霓虹灯，为什么会有这么多姿多彩的颜色呢？当你被这些知识所吸引的时候，你会感觉到化学的无穷魅力。

　　这本书，从简单的化学知识入手，直白而又有趣地讲述了生活中一些司空见惯的事物的来历、用途、种类等。全书深入浅出，集知识性、实用性和趣味性于一体，是一本对青少年大有裨益的化学科普读物。

　　由于作者的学识有限，在编撰过程中尚有一些不足之处，敬请读者不吝指正。

# 目 录

## 第 1 章　元素构成了这个世界

## 第 2 章　看不见离不开的气体

# 第 3 章　　千姿百态的金属

# 第 4 章　　与生命有关的有机物

# 第 5 章　　魔法般神奇的化学反应

## 第6章　日常生活里的化学奥妙

## 第7章　为化学献身的先驱们

# 元素构成了这个世界

古希腊人说，宇宙万物是由"水、火、土、气"四元素组成，而我们的祖先认为宇宙万物是由"金、木、水、火、土"五行组成。现在我们都知道了，这个世界其实是由元素周期表上面的那一百多种元素组成。就是这一百多种的元素，构成了这个变幻莫测的世界。

# 1.1　原子论是化学的伟大进步

名称：原子论
提出者：德谟克利特
发展者：道尔顿

　　一般认为，原子论源于古希腊伟大的唯物主义哲学家德谟克利特（约公元前460—约前370）的学说。在牛顿的力学体系建立之后，当时的科学家又对德谟克利特的原子论进行完善推演，逐渐形成了现代的原子论。

## 提出原子论

　　德谟克利特认为，万物的本原是原子和虚空。原子是不可再分的物质微粒，虚空是原子运动的场所。人们的认识是从事物中流射出来的原子形成的"影像"作用于人们的感官与心灵而产生的。

　　但是，当时的大科学家亚里士多德反对原子论，因此德谟克利特的原子论一直未被很多人所接受。

　　进入中世纪之后，也有少数的人曾相信原子论。但是中世纪欧洲在这些"科学问题"上，亚里士多德的学说在起主导作用。而且"大自然厌恶真空"的教条又非常符合人们的常识。因此原子论一直处于死寂状态。

## 原子论的发展

　　西方文艺复兴之后，自然科学的研究日益受到人们的广泛重视，以牛顿力学体系的建立为标志，自然科学进入了一个辉煌的发展时期。由于法国学者伽森第等人的努力，德谟克利特等人的原子论在 17 世纪得以复活。然而，此时原子论者感兴趣的方向已经不是设想原子如何组成世界，而是如何在原子论的基础上建立起物理学和化学的基本理论。一群天才横溢的科学家开始了原子学说的研究，笛卡儿（1596—1650，曾译笛卡尔）、博斯科维奇、塞诺特、玻意耳（1627—1691）、拉瓦锡等纷纷对之进行了深入的研究，取得了一定的成果。

## 道尔顿的贡献

在近代原子论的建立中，英国伟大的科学家道尔顿（1766—1844）做出了不可磨灭的贡献，他通常被看成是科学原子论之父。他把玻意耳、拉瓦锡的研究成果，即化学元素是那种用已知的化学方法不能进一步分析的物质，同原子论的观点结合起来。他提出，有多少种不同的化学元素，就有多少种不同的原子；同一种元素的原子在质量、形态等方面完全相同。他还强调查清原子的相对重量①以及组成一个化合物"原子"的基本原子的数目极为重要。关于原子组成化合物的方式，道耳顿认为这是每个原子在牛顿万有引力作用下简单地并列在一起形成的。在化学反应后，原子仍保持自身不变。尽管现代科学的发展在一定程度上修正了原子本身的物理不可分和万有引力将原子连接在一起的观点，但是道尔顿对原子的定义却被广泛地接受下来。

知识
链接

古希腊哲学家德谟克利特所生活的时代，主要是公元前 440 年后，即希波战争结束后希腊奴隶制社会最为兴旺、科学学术活动欣欣向荣的伯里克利时代。他早年一度经商，但由于他童年所接受的教育，使他淡泊名利和学位，他的老师是有学问的波斯术士与加勒底的星相家。

德谟克利特一生勤奋钻研学问，知识渊博，他在哲学、逻辑学、物理、数学、天文、动植物、医学、心理学、伦理学、教育学、修辞学、军事、艺术等方面都有所建树。

在第欧根尼·拉尔修的记载中，德谟克利特通晓哲学的每一个分支，同时，他还是一个出色的音乐家、画家、雕塑家和诗人。他是古希腊杰出的全才，在古希腊思想史上占有很重要的地位。

---

① 本书"重量"均为"质量"（mass）概念，单位为千克。

# 1.2　金刚石和石墨都是碳吗

名称：碳

元素符号：C

性质：常温下单质碳的化学性质不活

泼，不溶于水、稀酸、稀碱

常见单质：金刚石、石墨

碳是一种很常见的元素，广泛地存在于地壳与大气中。碳在人类生活中有很大的作用，人类生产生活处处离不开它。

## 钻石恒久远

金刚石是自然界中最坚硬的物质，它的硬度是刚玉的 4 倍，石英的 8 倍。

金刚石为什么会有如此大的硬度呢？

早在公元 1 世纪的文献中就有了关于金刚石的记载，然而，在其后的 1600 多年中，人们始终不知道金刚石的成分是什么。直到 18 世纪后半叶，科学家才搞清楚了构成金刚石的"材料"。

18 世纪的 70—90 年代，法国化学家拉瓦锡（1743—1794）等人进行的在氧气中燃烧金刚石的实验，结果发现得到的是二氧化碳气体，即一种由氧和碳结合在一起的物质。这里的碳就来源于金刚石。终于，这些实验证明了组成金刚石的材料是碳。

知道了金刚石的成分是碳，仍然不能解释金刚石为什么有那么大的硬度。例如，制造铅笔芯的材料是石墨，成分也是碳，然而石墨却是一种比人的指甲还要软的矿物。金刚石和石墨这两种矿物为什么会如此不同？

这个问题，是在 1913 年才由英国的物理学家威廉·布拉格（1862—1942）和他的儿子做出了回答。布拉格父子用 X 射线观察金刚石，研究金刚石晶体内原子的排列方式。他们发现，在金刚石晶体内部，每一个碳原子都与周围的 4 个碳原子紧密结合，形成一种致密的三维结构。这是一种在其他矿物中都未曾见到过的特殊结构。而且，这种致密的结构，使得金刚石的密度为 $3.5g/cm^3$，大约是石墨密度的 1.5 倍。正是这种致密的结构，使得金刚石具有最大的硬度。换句话说，金刚石是碳原子被挤压而形成的一种矿物。

# 人造金刚石

金刚石是自然界中最坚硬的物质，因此也就具有了许多重要的工业用途，如精细研磨材料、高硬切割工具、各类钻头、拉丝模。还被作为很多精密仪器的部件。

金刚石还具有超硬、耐磨、热敏、传热导、半导体及透远等优异的物理性能，素有"硬度之王"和宝石之王的美称，金刚石的结晶体的角度是 54° 44′ 8″。20 世纪 50 年代，美国以石墨为原料，在高温高压下成功制造出人造金刚石。现在人造金刚石已经广泛用于生产和生活中，虽然造出大颗粒的金刚石还很困难（所以大颗粒的天然金刚石仍然价值连城），但是人们已经可以制成金刚石的薄膜。

### 扩展阅读：

石墨是一种深灰色有金属光泽而不透明的细鳞片状固体。质软，有滑腻感，具有优良的导电性能。石墨中碳原子以平面层状结构键合在一起，层与层之间键合比较脆弱，因此层与层之间容易滑动而分开。

主要作用：制作铅笔，电极，电车缆线等。

富勒烯是于 1985 年发现的继金刚石、石墨和线性碳之后碳元素的第四种晶体形态。

富勒烯是一种新发现的工业材料，它的硬度比钻石还硬，韧度（延展性）比钢强 100 倍，它能导电，导电性比铜强，重量只有铜的 1/6。

其中柱状或管状的分子又叫作碳纳米管或巴基管。$C_{60}$ 分子具有芳香性，溶于苯呈酱红色。可用电阻加热石墨棒或电弧法使石墨蒸发等方法制得。$C_{60}$ 有润滑性，可能成为超级润滑剂。金属掺杂的 $C_{60}$ 有超导性，是有发展前途的超导材料。$C_{60}$ 还可能在半导体、催化剂、蓄电池材料和药物等许多领域得到应用。

# 1.3 鬼火是真的有鬼作祟吗

名称：磷

元素符号：P

性质：无色或淡黄色的透明结晶固体，
略显金属性

磷在生物圈内的分布很广泛，地壳含量丰富，列第10位，在海水中浓度属第2类。广泛存在于动植物组织中，也是人体含量较多的元素之一，稍次于钙排列为第6位。约占人体重的1%，成人体内含有600~900g的磷。体内磷的85.7%集中于骨和牙，其余散在分布于全身各组织及体液中，其中一半存在于肌肉组织。它不但构成人体成分，并且参与生命活动中非常重要的代谢过程，是机体很重要的一种元素。

## 恐怖的鬼火

在田野郊外，晚上常可见到忽隐忽现的惨淡火光，飘忽不定，若隐若现，甚至会跟着人的脚步移动，让人感到毛骨悚然，以为是鬼魂作祟。

关于鬼火，各国都有很多传说。于世界各地皆有关于鬼火的传说，例如，在爱尔兰鬼火就衍生为后来的万圣节南瓜灯；安徒生的童话中也有以鬼火为题的故事《鬼火进城了》。

日本传说中的鬼怪，亦多有描述鬼火，在绘制这些鬼怪（尤其是夏天出没的鬼怪）的时候经常会画几团鬼火在旁边。

中国对鬼火的传说也很多，清朝蒲松龄所写《聊斋志异》中就经常提及鬼火，清代纪晓岚在《阅微草堂笔记·第九卷》也写道："磷为鬼火。"而民间则认为鬼火是阎罗王出现的鬼灯笼。

## 鬼火的成因

难道真是"鬼火"吗？真的是死人的阴魂吗？当然不是，人死了，人体的组成部分织坏散为骨骸或灰烬。

德国炼金术士勃兰特在 1669 年发现磷后，就用了希腊文的"鬼火"来命名这种物质，但该希腊词亦可解作"启明星"，没有证据当时他就是借了"鬼火"的意思来命名磷。

"鬼火"其实就是磷火，是一种很普通的自然现象。

人体的绝大部分组织是由碳、氢、氧三种元素组成外，还含有其他一些元素，如磷、硫、铁等。人体的骨骼里含有较多的磷化钙。人死后之后，体内的磷由磷酸根状态转化为磷化氢。磷化氢是一种气体物质，燃点很低，在常温下与空气接触便会燃烧起来。磷化氢产生之后沿着地下的裂痕或孔洞冒出到空气中燃烧发出蓝色的光，这就是磷火，也就是人们所说的"鬼火"。

那为什么"鬼火"还会追着人"走动"呢？大家知道，在夜间，特别是没有风的时候，空气一般是静止不动的。由于磷火很轻，如果有风或人经过时带动空气流动，磷火也就会跟着空气一起飘动，甚至伴随人的步子，你慢它也慢，你快它也快；当你停下来时，由于没有任何力量来带动空气，所以空气也就停止不动了，"鬼火"自然也就停下来了。

# 1.4 发现溴的一波三折故事

名称：溴

元素符号：Br

性质：常温下为棕红色发烟挥发性液体。有窒息性气味，其烟雾能强烈地刺激眼睛和呼吸道。对大多数金属和有机物组织均有侵蚀作用

常温下为溴是棕红色发烟液体。密度 3.119g/cm³。熔点 –7.2℃。沸点 58.76℃。溴蒸气对黏膜有刺激作用，易引起流泪、咳嗽。

## 溴的发现

溴的发现，曾有一段有趣的历史：1826 年，法国的一位青年波拉德，他在很起劲地研究海藻。当时人们已经知道海藻中含有很多碘，波拉德便在研究怎样从海藻中提取碘。他把海藻烧成灰，用热水浸取，再往里通进氯气，这时，就得到紫黑色的固体——碘的晶体。然而，奇怪的是，在提取后的母液底部，总沉着一层深褐色的液体，这液体具有刺鼻的臭味。这件事引起了波拉德的注意，他立即着手详细地进行研究，最后终于证明，这深褐色的液体，是一种人们还未发现的新元素，并把它称为 rutile（意为红色），而他的导师约瑟夫·安哥拉达则建议称之为 muride，源自拉丁文字 murid，意思是卤水。波拉德把自己的发现通知了巴黎科学院。科学院把这新元素改称为"溴"，按照希腊文的原意，就是"臭"的意思。

1825 年德国海德堡大学学生罗威把家乡克罗次纳的一种矿泉水通入氯气，产生一种棕红色的物质。这种物质用乙醚提取，再将乙醚蒸发，则得到棕红色的液溴。所以他也是独立发现溴的化学家。有趣的是，他用这种液体申请了一个在里欧波得·甘末林的实验室的职位。由于发现的结果被延迟公开了，所以巴拉尔率先发表了他的结果。

## 溴的分布

在所有非金属元素中，溴是唯一的在常温下处于液态的元素。正因为这样，其他非金属元素的中文名称部首都是"气"（气态）或"石"（固态）旁的，如氧、碘，而只有溴是三点水旁的——液态。溴是棕红色的液体，比水重两倍多。溴的熔点为 –7.3℃，沸点为 58.78℃。溴能溶于水，即所谓的"溴水"。溴更容易溶解于一些有机溶剂，如三氯甲烷（即氯仿）、四氯化碳等。

溴在大自然中并不多，在地壳中的含量只有十万分之一左右，而且没有形成集中的矿层。海水中大约含有十万分之六的溴，含量并不高，自然，人们并不是从海水中直接提取，而是在晒盐场的盐卤或者制碱工业的废液中提取：往里通进氯气，用氯气把溴化物氧化，产生游离态的溴，再加入苯胺，使溴成三溴苯胺沉淀出来。

溴很易挥发。溴的蒸气是棕红色的，毒性很大，气味非常刺鼻，并且能刺激眼黏膜，不住地流泪。在军事上，溴便被装在催泪弹里，用作催泪剂。在保存溴时，为了防止溴的挥发，通常在盛溴的容器中加进一些硫酸。溴的密度很大，硫酸就像油浮在水面上一样地浮在溴的上面。

# 1.5　人工放射打开了潘多拉魔盒

名称：锝、钷、砹、镎、钚、镅等

元素符号：Tc、Pm、At、Np、Pu、Am 等

人工放射性的发现，为人类开辟了一个新领域，开阔了放射性同位素的应用。从此，科学家不必再只依靠自然界的天然放射性物质来研究问题，这也大大推动了核物理学的研究速度。

## 小居里夫妇的发现

1934 年 11 月 15 日，法国科学院召开会议，一位名叫约里奥·居里（Joliot Curie，1900—1958）的年轻科学家在会议上提出科学报告，宣布他和他的夫人伊琳娜·居里（Irene Curie，1897—1956）一起得到的重要发现。

约里奥·居里是法国科学界的"驸马"，因为他是法国科学泰斗居里夫人的女婿。约里奥·居里在结婚后不久就改姓了岳父岳母的姓——居里，因为人们认为他娶伊琳娜·居里是别有目的，是醉翁之意不在酒。甚至居里夫人也曾专门因为这件事安慰过他。

约里奥·居里也无愧于居里夫人女婿这个光荣称号，他进行了多年的潜心研究，在发现中子的过程中发挥了非常重要的作用，之后在 1934 年，约里奥·居里发现了元素放射性。以前人们只知道有铀、钍、镭、钋等天然存在的放射性元素，这些元素都是位于元素周期表末尾的重核元素。现在，小居里夫妇发现了列在周期表前面的轻核元素也可以有放射性的同位素。它们在自然界并不存在，而是人工制造的，是人工放射性元素。

1934 年 11 月 15 日，在法国科学院的会议上的科学报告，受到了大家热烈的鼓掌。

1935 年底，小居里夫妇由于发现了人工放射性元素而得到了诺贝尔化学奖。约里奥·居里在领取奖金的演说中预言："我们看清楚了，那些能够创造和破坏元素的科学家也能够实现爆炸性的核反应……如果在物质中能够实现核反应的话，那就可以释放出大量有用的能量。"

## 人工放射性元素的意义

自从 1934 年约里奥·居里夫妇有了这个重大发现以后，物理学家们研究和发展了他们的方法。越来越多的、更大的粒子加速器问世了，从此，科学家们几乎能制取到每一种元素的放射性同位素。目前，所知的两千种以上的放射性同位素中，绝大多数都是人工制造的。

现在，放射性同位素不但广泛地运用于工业、农业、商业和国防工业等各个领域，而且对于推动某些学科的研究也产生了重大的影响，特别是对化学、生物学和医学更起到了巨大的推动作用。这就使原子（核）能的和平利用变成了现实，极大地造福于人类。同时，人造放射性核素的发现也为第一颗原子弹的制造提供了重要的启示。人类历史上第一颗原子弹的制造原理是费密（E.Feimi，1901—1954，曾译费米）提出的。然而，费密制造原子弹的程序完全是按照伊伦的人造放射性元素的理论和实践来编排的。伊琳娜·约里奥·居里作为发现人造放射性同位素的先驱，其贡献将永远载入人类文明的史册。

# 1.6　知名的致命杀手

名称：砷

元素符号：As

性质：有黄、灰、黑褐三种同素异形体
其中灰色晶体具有金属性，脆而硬，具有
金属般的光泽，并善于传热导电，易被捣
成粉末

砒霜的大名一直流传于宫廷贵族之间，一直是杀人灭口、谋财害命的必备武器，在毒药界的威望一直是最高的。

## 光绪原来是被毒死的

100 年来，有关光绪皇帝的死因众说纷纭，有人说他是病死的，有人说他是被毒死的，即便认为他是被毒死的，也有几个不同的版本，有慈禧版的，有李莲英版的，有袁世凯版的，多年来一直没有一个权威的说法。

20 世纪初，考古人员对光绪皇帝的遗体进行了科学检测。他们先后提取了光绪分别长 26cm、65cm 的两小缕头发，清洗后晾干，剪成 1cm 长的截段，逐一编号、称重和封装，然后用核分析方法逐段检测光绪头发中的元素含量。

结果显示，光绪头发中含有高浓度的元素砷，且各截段含量差异很大，而与光绪同时代并埋在一起的隆裕皇后含量则很少，

最后得出结论：光绪头发上的高含量砷不是自然代谢产生，而是来自于外部：大量的砷化合物曾存留于光绪尸体的胃腹部，尸体腐败过程中进行了再分布，侵蚀了遗骨、头发和衣物，而砷化合物也就是剧毒的砒霜。

# 人体需要砒霜

在现在，砒霜的使用已经得到了严格的控制，但是在治疗一些寄生性的疾病时，仍然少不了砒霜的帮助。

除了医学领域，砒霜还是半导体装置中不可或缺的一个元素，这时砒霜多存在于镓砷化合物中。

在最近几年的时间里，随着中医理论得到了越来越广泛的共识，中医药中使用砒霜治疗一些肿瘤疾病，特别是急性脊髓白血病的实践也得到了证实。这种血液疾病的患者，由于体内遗传因子突变而产生畸形蛋白质，白细胞球的正常产生与死亡就会受到干扰。经美国食品和药物管理局证实，砷的三氧化合物能够使得畸形蛋白质产生自我消灭的能力，从而使白细胞的生长恢复正常。韦克斯曼说："可以说，这种药物可能是可预见的治疗此类白血病的最佳药物形式。"一些医生还认为，砷的三氧化合物对病人的副作用小于常规的化学疗法。砷的三氧化合物已经越来越多地被用于治疗诸如淋巴癌、前列腺癌或子宫癌的临床实践。

最近的研究还显示，少量的砷也是人体不可缺少的营养成分，它能促进蛋氨酸的新陈代谢，从而防止头发、皮肤和指甲的生长紊乱。美国官方开办的格兰德福克斯人体营养学研究中心药剂研究师埃里克·乌图斯认为，少量的砷对人体无害，甚至有益。

# 1.7 "抗癌之王"
## ——硒

名称：硒

元素符号：Se

性质：红色和黑色，无定形玻璃状

　　硒是一种非金属元素。可以用作光敏材料、电解锰行业催化剂、动物体必需的营养元素和植物有益的营养元素等。

## 人体不可或缺的元素

　　1817 年，瑞典的化学家永斯·雅各布·贝采利乌斯从硫酸厂的铅室底部的黏物质中制得硒。

　　起初，硒并未得到人们的重视，但是随着科学技术的日益发展，人们对硒的认识越来越深入，也越来越清楚地发现这种元素对人类的不可或缺。

　　科学界研究发现，血硒水平的高低与癌的发生息息相关。大量的调查资料说明，一个地区食物和土壤中硒含量的高低与癌症的发病率有直接关系。目前癌症治疗中使用硒辅助治疗十分普遍。

　　硒是迄今为止发现的最重要的抗衰老元素。

　　广西巴马县是世界著名四大长寿地区之一。中国科学院专家对巴马的研究表明：巴马土壤、谷物中的硒含量高于全国平均水平 10 倍以上，百岁老人血液中的硒含量高出正常人的 3 ~ 6 倍。

# 硒是万能药

生物学家们经过长期的研究发现：硒对视觉器官的功能是极为重要的。硒能催化并消除对眼睛有害的自由基物质，从而保护眼睛的细胞膜。

硒是维持心脏正常功能的重要元素，对心脏肌体有保护和修复的作用。人体血硒水平的降低，会导致体内清除自由基的功能减退，造成有害物质沉积增多，血压升高、血管壁变厚、血管弹性降低、血流速度变慢，送氧功能下降，从而诱发心脑血管疾病的发病率升高，然而科学补硒对预防心脑血管疾病、高血压、动脉硬化等都有较好的作用。

硒是肝病天敌。

位于长江三角洲的江苏启东地区是鱼米之乡经济发达，但是长期以来这里的人们肝癌、肝炎发病率极高，经过专家们经过 16 年研究终于找出原因，原来这里的水、土壤、粮食中缺少元素"硒"。

硒可以使肝炎病人的病情好转，使肝炎病人发生癌症的比例大大降低。

硒有恢复胰岛功能。

糖尿病对人类的危害极大，但是硒是糖尿病的克星。

硒可以促进糖分代谢、降低血糖和尿糖。人们把硒称作是微量元素中的"胰岛素"。

硒还可以解毒排毒。

硒与金属的结合力很强，能抵抗镉对肾、生殖腺和中枢神经的毒害。硒与体内的汞、锡、铊、铅等重金属结合，形成金属硒蛋白复合而解毒、排毒。因此经常接触有毒有害工作的人群，尤其需要注意补硒。

硒是皮肤疾病的福音。

银屑病患者血清中硒水平较正常人显著降低。发病时间超过 3 年的患者，疾病严重的患者，其体内血清硒的水平就越低。

白癜风患者过氧化氢酶活性较低，使得表皮过氧化氢聚集，因此，推测氧化应激可能是导致黑色素细胞死亡、是发病的原因之一。但是硒都可以将它们制服。

硒除了对银屑病、白癜风有辅助治疗外，还可应用于皮肤老化及免疫相关性皮肤疾病和病毒性皮肤疾病的治疗。硒在皮肤科的应用有广阔前景。

知识
链接

既然硒如此重要，那到底该如何补硒呢？

主要通过食物补充，含硒丰富的食物有：富硒大米、富硒小麦、海鲜、蘑菇、鸡蛋、大蒜、银杏等。还有动物脏器、海产品、鱼、蛋、肉类等是硒的良好来源，多吃这些食物可以安全有效地补硒。

有的人的吸收功能欠缺，因此就需要服用高活性易吸收的保健食品来进行补充。市面上出售的含硒保健品、食品即硒营养补充剂种类很多。吃这些含硒制品能不能纠正缺硒现象，主要取决于它们的含硒量。

根据观察，我国成年人每日食物外补硒 25μg（微克）以上有保健作用；缺硒成年人每日食物外补硒 50μg 或 75μg 以上，连续服 2 ～ 3 个月，可纠正缺硒。

# 1.8 人体必需的元素
## ——碘

名称：碘

元素符号：I

性质：紫黑色晶体，具有金属光泽，性脆，易升华。有毒性和腐蚀性

碘主要用于制作药物、染料、碘酒、试纸和碘化合物等。碘酒就是用碘、碘化钾和乙醇制成的一种药物，棕红色的透明液体，有碘和乙醇的特殊气味。

## 碘的发现

法国化学家库特瓦（1777—1838）出生于法国的第戎，他的家与有名的第戎学院隔街相望。他的父亲是硝石工厂的厂主，并在第戎学院任教，还常常做一些精彩的化学讲演。库特瓦一面在硝石工厂做工、一面在第戎学院学习。他很喜欢化学，后来又进入综合工业学院深造。毕业后当过药剂师和化学家的助手，后来又回到第戎继续经营硝石工厂。

在法国、爱尔兰和苏格兰的沿海岸，库特瓦经常到那些地方采集黑角菜、昆布和其他藻类植物。回家后，把它们缓缓燃烧成灰，然后加水浸渍、过滤、澄清得到一种植物的浸取溶液。于是加热蒸发，把碳还原而生成了硫化物。制得这种晶体之后，库特瓦利用这种新物质作进一步研究，他发现这种新物质不易跟氧或碳发生反应，但能与氢和磷化合，也能与锌直接化合。尤为奇特的是这种物质不能为高温分解。

库特瓦根据这一事实推想，它可能是一种新的元素。

由于库特瓦的主要精力放在经营硝石工业上，所以他请法国化学家德索尔姆和克莱芒继续这一研究。

1813 年德索尔姆和克莱芒，在《库特瓦先生从一种碱金属盐中发现新物质》的报告中写道："从海藻灰所得的溶液中含有一种特别奇异的东西，它很容易提取，方法是将硫酸倾入溶液中，放进曲颈瓶内加热，并用导管将曲颈瓶的口与 U 形器连接。溶液中析出一种黑色有光泽的粉末，加热后，紫色蒸气冉冉上升，蒸气凝结在导管和球形器内，结成片状晶体。"克莱芒相信这种晶体是一种与氯类似的新元素，再经戴维和盖·吕萨克等化学家的研究，提出了碘具有元素性质的论证。1814 年这一元素被定名为碘，取希腊文紫色的意义。

## 碘的用途与分布

碘主要用于制作药物、染料、碘酒、试纸和碘化合物等。碘酒就是用碘、碘化钾和乙醇制成的一种药物，棕红色的透明液体，有碘和乙醇的特殊气味。

缺乏碘会导致甲状腺肿大，而过量的碘也会导致甲状腺肿大。

碘在自然界中的储量是不大的，但是一切东西都含有碘，不论坚硬的土块还是岩石，甚至最纯净的透明的水晶，都含有相当多的碘原子。海水里含大量的碘，土壤和流水里含的也不少，动植物和人体里含的更多。

自然界中的海藻、智利硝石和石油产区的矿井水中含碘也都较高。工业生产也正是通过向海藻灰或智利硝石的母液加亚硫酸氢钠经还原出单质碘。

# 1.9　地壳中含量最少
## ——砹

名称：砹

元素符号：At

性质：卤族元素，有挥发性，红棕色

　　砹，原子序数 85，是一种人工放射性元素，化学符号源于希腊文 "astator"，原意是"改变"。现在科学家已发现质量数 196 ~ 219 的全部砹同位素，其中只有砹 215、216、218、219 是天然放射性同位素，其余都通过人工核反应合成的。

## 曲折的发现过程

　　砹是俄国化学家门捷列夫（1834—1907）曾经指出的类碘，是莫斯莱所确定的原子序数为 85 的元素。它的发现经历了曲折的道路。

　　刚开始，化学家们根据门捷列夫的推断——类碘是一个卤素，是成盐的元素，就尝试从各种盐类里去寻找它们，但是一无所获。

　　1925 年 7 月英国化学家费里恩德特地选定了炎热的夏天去死海，寻找它们。但是，经过化学分析和光谱分析后，却丝毫没有发现这个元素。

　　后来又有不少化学家尝试利用光谱技术以及利用原子量作为突破口去找这个元素，但都没有成功。

　　1931 年，美国亚拉巴马州工艺学院物理学教授阿立生宣布，在王水（$NO_2Cl$）

和独居石（磷酸盐矿物）作用的萃取液中，发现了 85 号元素。

1940 年，意大利化学家西格雷也发现了第 85 号元素，它被命名为"砹"（At）。西格雷后来迁居到了美国，和美国科学家科里森、麦肯齐在加利福尼亚大学用"原子大炮"——回旋加速器加速氢原子核，轰击金属铋 209，由此制得了第 85 号元素——"亚碘"，就是砹。

## 极度不稳定的元素

砹的性质同碘很相似，并有类似金属的性质。砹很不稳定，它"出世" 8.3h，便有一半砹的原子核已经分裂变成别的元素。

后来，人们在铀矿中也发现了砹。这说明在大自然中存在着天然的砹。不过它的数量极少，是地壳中含量最少的元素之一。据计算，整个地表中，砹只有 0.28g！

知识
链接

砹是镭、锕、钍这些元素自动分裂过程中的产物。砹本身也是元素。砹在大自然中又少又不稳定，寿命很短，这就使它们很难积聚，即使积聚到 1g 的纯元素都是不可能的，这样就很难看到它的"庐山真面目"。尽管数量这样少，可是科学家还是制得了砹的同位素 20 种。

砹有 33 个已知的同位素，它们的质量范围是 191 ~ 22，且都具有放射性。还存在着 23 个稳激发态。寿命最长的同位素是 210-At，它的半衰期为 8.1 ~ 8.3h；已知寿命最短的同位素是 213-At，它的半衰期为仅为 125ns（纳秒）。

# 1.10 受管制的危险品
## ——硫酸

名称：硫
元素符号：S
化学性质：无味、黄色的晶体

硫是一种元素，在元素周期表中它的化学符号是 S，原子序数是 16。硫是一种非常常见的无味的非金属，纯的硫是黄色的晶体。

## 爱反应的硫

硫溶于苯、甲苯、四氯化碳和二硫化碳，微溶于乙醇和乙醚，不溶于水。在空气中的发火点为 261℃以上，在氧气中的发火点是 260℃以上，产生二氧化硫。能与卤素及多种金属化合，但不与碘、氮、碲、金、铂和铱化合，易燃，有刺激性。

硫的导热性和导电性都差，性松脆，不溶于水。无定形硫主要有弹性硫，是由熔态硫迅速倾倒在冰水中所得。不稳定，可转变为晶状硫。晶状硫能溶于有机溶剂如二硫化碳中，而弹性硫只能部分溶解。化学性质比较活泼，能与氧、金属、氢气、卤素（除碘外）及已知的大多数元素化合。它存在正氧化态，也存在负氧化态，可形成离子化合物、共价化合成物和配位共价化合物。

## 大名鼎鼎的硫酸

硫酸是基本化学工业中重要产品之一。它不仅作为许多化工产品的原料，而且还广泛地应用于其他的国民经济部门。硫酸是化学六大无机强酸之一，也是所有酸中最常见的强酸之一。

硫酸常用于冶金制造和金属加工等工业部门，特别是有色金属的生产过程需要使用硫酸。例如，用电解法精炼铜、锌、镉、镍时，电解液就需要使用硫酸，某些贵金属的精炼，也需要硫酸来溶解去夹杂的其他金属。在钢铁工业中进行冷轧及冲压等工序之前，都必须用硫酸清除钢铁表面的氧化铁。

硫酸还用于石油工业汽油、润滑油等石油产品的生产过程中，都需要浓硫酸精炼，以除去其中的含硫化合物和不饱和碳氢化合物。

在尼龙、醋酸纤维、聚丙烯腈纤维等化学纤维生产中，也使用相当数量的硫酸。

某些国家硫酸工业的发展，曾经是和军用炸药的生产紧密联结在一起的。无论军用炸药或工业炸药，大都是以硝基化物或硝酸酯为其主要成分。主要的有硝化棉、三硝基甲苯 (tnt)、硝酸甘油、苦味酸等。虽然这些化合物的制备是依靠硝酸，但同时也必须使用浓硫酸或发烟硫酸。

## 硫酸还在原子能工业及火箭技术中有着重大的作用

原子反应堆用的核燃料的生产，反应堆用的钛、铝等合金材料的制备，以及用于制造火箭、超声速喷气飞机和人造卫星的材料的钛合金，都和硫酸有直接或间接的关系。从硼砂制备硼烷的过程需要多量硫酸。硼烷的衍生物是最重要的一种高能燃料。硼烷又用做制备硼氢化铀，用来分离铀 –235 的一种原料。由此可见，硫酸与国防工业和尖端科学技术都有着密切的关系。

# 1.11 "硅谷"名字的由来
## ——硅

名称：硅

元素符号：Si

性质：晶体硅为灰黑色，无定形硅为黑色

　　硅是一种常见的化学元素，在宇宙中的储量排在第8位，在地壳中，排在第2位，仅次于氧。

## 硅谷名字的由来

　　在美国加利福尼亚州的西部，有一条狭长的山谷城市带，这里集聚大量高科技的企业和高等院校，如微软、惠普、苹果等公司，以及斯坦福大学等名校，这就是鼎鼎大名的"硅谷"。

　　硅谷是美国高科技人才的集中地，更是美国信息产业人才的集中地，目前在硅谷，集结着美国各地和世界各国的科技人员达100万以上，美国科学院院士在硅谷任职的就有近千人，获诺贝尔奖的科学家就达30多人。硅谷是美国青年心驰神往的圣地，也是世界各国留学生的竞技场和淘金场。硅谷的科技人员大都是来自世界各地的佼佼者，他们不仅母语和肤色不同，文化背景和生活习俗也各有所异，所学专业和特长也不一样。如此一批科技专家聚在一起，必然思维活跃，互相切磋中很容易迸发出创新的火花。

但是硅谷为什么要叫作硅谷呢?

因为这些公司一般从事的是关于电子计算机的芯片开发和研制的工作,而计算机的芯片一般都是用半导体材料"硅"制成的,所以这个地区被称为硅谷,意为高科技的工业园区。

## 单晶硅革命

高纯的单晶硅是重要的半导体材料。单晶硅作为半导体器件的核心材料,大大地促进了信息技术的革命。自 20 世纪中叶以来,单晶硅随着半导体工业的需要而迅速发展。

应用极为广泛的二极管、三极管、晶闸管和各种集成电路(包括我们计算机内的芯片和中央处理机 CPU)都是用硅做的原材料。可以说,没有单晶硅,我们就上不了网,打不了手机,听不了音乐,半个世纪以来的科技进步都化为泡影。这几十年来的产业革命,可以称之为硅技术革命,整个的电子工业,都可以成为硅工业。

在单晶硅中掺入微量的第 IIIA 族元素,形成 p 型硅半导体;掺入微量的第 VA 族元素,形成 n 型硅半导体,和 p 型半导体结合在一起,就可做成太阳能电池,将辐射能转变为电能。可以说硅在在开发能源方面是一种很有前途的材料。

硅是金属陶瓷、宇宙航行的重要材料。将陶瓷和金属混合烧结,制成金属陶瓷复合材料,它耐高温,富韧性,可以切割,既继承了金属和陶瓷的各自的优点,又弥补了两者的先天缺陷,这一特性可应用于军事武器的制造。第一架航天飞机"哥伦比亚号"能抵挡住高速穿行稠密大气时摩擦产生的高温,全靠它那三万一千块硅瓦拼砌成的外壳。

# 第 2 章

# 看不见离不开的气体

你看不见它，但是你却无时无刻离不开它。它是地球上一切生命得以生存的前提，动物呼吸、植物光合作用都离不开它；它还是地球的外衣，可以使地球上的温度保持相对稳定；它也是地球上生命的保护者，可以吸收来自太阳的紫外线，保护地球上的生物免受伤害；它可以阻止来自太空的高能粒子过多地进入地球，阻止陨石撞击地球……

# 2.1    是谁发现空气成分的

名称：空气

成分：氮气、氧气、稀有气体、水蒸气、
二氧化碳等

发现者：拉瓦锡

　　空气是构成地球周围大气层的气体，无色，无味，主要成分是氮气和氧气，还有极少量的氦、氖、氩、氪、氙等稀有气体和水蒸气、二氧化碳、甲烷、一氧化二氮（又称笑气）、臭氧、氢气和尘埃等。

## 拉瓦锡重新认识了空气

　　在远古时代，人们对空气的认识非常简单，空气也曾被人们认为是单一的物质。在公元1669年梅猷曾根据蜡烛燃烧的实验，得出空气的组成是复杂的结论。德国史达尔约在公元1700年提出了一个普遍的化学理论，就是"燃素学说"。这种学说并不正确，不能解释自然界变化中的一些现象，存在着严重的矛盾。公元1774年法国的化学家拉瓦锡提出燃烧的氧化学说，才否定燃素学说。拉瓦锡在进行铅、汞等金属的燃烧实验过程中，发现有一部分金属变为有色的粉末，空气在钟罩内体积减小了原体积的1/5，剩余的空气不能支持燃烧，动物在其中会窒息。他把剩下的4/5气体叫作氮气（原意是不支持生命），在他证明了普利斯特里和舍勒从氧化汞分解制备出来的气体是氧气以后，空气的组成才确定为氮和氧。

# 空气的成分是恒定的吗

空气的成分以氮气、氧气为主，是长期以来自然界里各种变化所造成的。在原始的绿色植物出现以前，原始大气是以一氧化碳、二氧化碳、甲烷和氨为主的。在绿色植物出现以后，植物在光合作用中放出氧气，使原始大气里的一氧化碳氧化成为二氧化碳，甲烷氧化成为水蒸气和二氧化碳，氨氧化成为水蒸气和氮气。以后，由于植物的光合作用持续地进行，空气里的二氧化碳在植物发生光合作用的过程中被吸收了大部分，并使空气里的氧气越来越多，终于形成了以氮气和氧气为主的现代空气。

空气是混合物，它的成分是很复杂的。

空气的恒定成分是氮气、氧气以及稀有气体，这些成分所以几乎不变，主要是自然界各种变化相互补偿的结果。比如人吸进去氧气，呼出二氧化碳；植物吸收二氧化碳，排出氧气。空气的可变成分是二氧化碳和水蒸气。二氧化碳和水蒸气的多寡是根据地区的不同而变化。例如，在工厂区附近的空气里就会因生产项目的不同，而分别含有氨气、酸蒸气等。另外，空气里还含有极微量的氢、臭氧、氮的氧化物、甲烷等气体。灰尘是空气里或多或少的悬浮杂质。总的来说，空气的成分一般是比较固定的。

知识
链接

空气包裹在地球的外面，厚度达到数千千米，这一层厚厚的空气被称为大气层。

大气层分为对流层、平流层（旧称同温层）、中间层、热层（旧称电离层）和散逸层（又称外层大气），这几个气层其实是相互融合在一起的。我们生活在最下面的对流层中。在平流层，空气要稀薄得多，这里有一种叫作"臭氧"（氧气的一种）的气体，它可以吸收太阳光中有害的紫外线。平流层的上面是热层，这里有一层被称为离子的带电微粒。热层的作用非常重要，它可以将无线电波反射到世界各地。

若不考虑水蒸气、二氧化碳和各种碳氢化合物，则地面至100km高度的空气平均组成保持恒定值，在25km高空臭氧的含量有所增加，在更高的高空，空气的组成随高度而变，且明显地同每天的时间及太阳活动有关。

# 2.2　普利斯特里不认识氧气

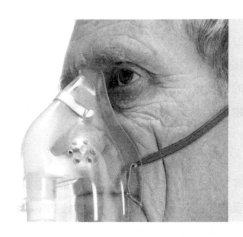

名称：氧

性质：氧气通常条件下是呈无色、无臭和无味的气体

元素符号：O

普利斯特里是英国著名化学家，1733 年 3 月 13 日出生，1804 年 2 月 6 日去世，由于他在气体化学方面做出的伟大贡献，被尊称为气体化学之父。

## 发现氧而不认识氧

1774 年，普利斯特里把汞烟灰（氧化汞）放在玻璃皿中用聚光镜加热，发现它很快就分解出气体来。

他原以为放出的是空气，于是利用集气法收集产生的气体，并进行研究，发现该气体使蜡烛燃烧更旺，呼吸它感到十分轻松舒畅。他制得了氧气，还用实验证明了氧气有助燃和助呼吸的性质。

但由于他是个顽固的"燃素说"信徒，仍认为空气是单一的气体，所以他还把这种气体叫作"脱燃素空气"，其性质与前面发现的"被燃素饱和的空气"（氮气）差别只在于燃素的含量不同，因而助燃能力不同。

普利斯特里还做了这样一段实验记录："我把老鼠放在'脱燃素气'里，发现它们过得非常舒服后，又亲自加以实验，我想读者是不会觉得惊异的。我自己实验时，是用玻璃吸管从放满这种气体的大瓶里吸取的。当时我的肺部所得的感觉，和平时吸入普通空气一样；但自从吸过这种气体以后经过很多时候，身心一直觉得十分轻快适畅。有谁能说这种气体将来不会变成通用品呢？不过现在只有两只老鼠和我，才有享受呼吸这种气体的权利罢了。"其实他所发现的就是重要的化学元素氧。

遗憾的是，由于他深信燃素学说，因而认为这种气体不会燃烧，所以有特别强的吸收燃素的能力，只能够助燃。因此，他把这种气体称为"脱燃素空气"，把氮气称为"被燃素饱和了的空气"。

## 为什么称普利斯特里为"气体化学之父"

普利斯特里在英国利兹时，一方面担任牧师，另一方面开始从事化学的研究工作。他对气体的研究是颇有成效的。他利用制得的氢气研究该气体对各种金属氧化物的作用。同年，普利斯特里还将木炭置于密闭的容器中燃烧，发现能使五分之一的空气变成碳酸气，用石灰水吸收后，剩下的气体不助燃也不助呼吸。由于他虔信燃素说，因此把这种剩下来的气体叫作"被燃素饱和了的空气"。显然他用木炭燃烧和碱液吸收的方法除去空气中的氧和碳酸气，制得了氮。此外，他发现了氧化氮（NO），并用于空气的分析上。还发现或研究了氯化氢、氨气、亚硫酸气体（二氧化碳）、氧化二氮、氧气等多种气体。1766 年，他的《几种气体的实验和观察》三卷本书出版。该书详细叙述各种气体的制备或性质。由于他对气体研究的卓著成就，所以他被称为"气体化学之父"。

知识
链接

1791 年，普利斯特里由于同情法国大革命，做了好几次为大革命的宣传讲演，而受到一些人的迫害，家被抄，图书及实验设备都被付之一炬。他只身逃出，躲避在伦敦，但伦敦也难于久居。1794 年他 61 岁时不得不移居美国。在美国继续从事科学研究。1804 年病故。英、美两国人民都十分尊敬他，在英国有他的全身塑像。在美国，他住过的房子已建成纪念馆，以他的名字命名的普利斯特里奖章已成为美国化学界的最高荣誉。

# 2.3　氮气和氨肥的故事

名称：氮

元素符号：N

性质：单质氮气是无色、无味的气体

　　氮在常态下是一种无色无味无臭的气体，且通常无毒。氮气占大气总量的78.12%（体积分数），在标准情况下的气体密度是 1.25g/L（克／升），氮气在水中溶解度很小，在常温常压下，1 体积水中大约只溶解 0.02 体积的氮气。氮气是难液化的气体。氮气在极低温下会液化成无色液体，进一步降低温度时，更会形成白色晶状固体。

## 氮气的作用

　　氮主要用于合成氨，还是合成纤维（锦纶、腈纶），合成树脂，合成橡胶等的重要原料。由于氮的化学惰性，常用作保护气体，以防止某些物体暴露于空气时被氧所氧化。用氮气填充粮仓，可使粮食不霉烂、不发芽，长期保存。液氨还可用作深度冷冻剂。作为冷冻剂在医院做除斑、除包、除痘等的手术时常常也使用，并将病体冻掉，但是容易出现疤痕，并不建议使用。

　　氮是一种营养元素，还可以用来制作化肥。例如，碳酸氢铵 $NH_4HCO_3$，氯化铵 $NH_4Cl$，硝酸铵 $NH_4NO_3$ 等。

# 氮气在汽车上的作用

氮气几乎为惰性的双原子气体，化学性质极不活泼，气体分子比氧分子大，不易热胀冷缩，变形幅度小，其渗透轮胎胎壁的速度比空气慢 30% ~ 40%，能保持稳定胎压，提高轮胎行驶的稳定性，保证驾驶的舒适性；氮气的音频传导性低，相当于普通空气的 1/5，使用氮气能有效减少轮胎的噪声，提高行驶的宁静度。

可以防止爆胎和缺气碾行。爆胎是公路交通事故中的头号杀手。据统计，在高速公路上有 46% 的交通事故是由于轮胎发生故障引起的，其中爆胎一项就占轮胎事故总量的 70%。汽车行驶时，轮胎温度会因与地面摩擦而升高，尤其在高速行驶及紧急刹车时，胎内气体温度会急速上升，胎压骤增，所以会有爆胎的可能。而高温导致轮胎橡胶老化，疲劳强度下降，胎面磨损剧烈，又是可能爆胎的重要因素。而与一般高压空气相比，高纯度氮气因为无氧且几乎不含水分不含油，其热膨胀系数低，热传导性低，升温慢，降低了轮胎聚热的速度，不可燃也不助燃等特性，所以可大大地减少爆胎的概率。

可以延长轮胎使用寿命。使用氮气后，胎压稳定体积变化小，大大降低了轮胎不规则摩擦的可能性，如冠磨、胎肩磨、偏磨，提高了轮胎的使用寿命；橡胶的老化是受空气中的氧分子氧化所致，老化后其强度及弹性下降，且会有龟裂现象，这是造成轮胎使用寿命缩短的原因之一。氮气分离装置能极大限度地排除空气中的氧气、硫、油、水和其他杂质，有效降低了轮胎内衬层的氧化程度和橡胶被腐蚀的现象，不会腐蚀金属轮辋，延长了轮胎的使用寿命，也极大程度减少轮辋生锈的状况。

可以减少油耗，保护环境。轮胎胎压的不足与受热后滚动阻力的增加，会造成汽车行驶时的油耗增加；而氮气除了可以维持稳定的胎压，延缓胎压降低之外，其干燥且不含油不含水，热传导性低，升温慢的特性，减低了轮胎行走时温度的升高，以及轮胎变形小抓地力提高等，降低了滚动阻力，从而达到减少油耗的目的。

# 2.4　腼腆的巨匠发现了氢气

名称：氢

元素符号：H

性质：氢气无色无味，极易燃烧

亨利·卡文迪许，1731 年 10 月 10 日生于法国尼斯，1810 年 3 月 10 日去世。1784 年左右，卡文迪许研究了空气的组成，发现普通空气中氮占 4/5，氧占 1/5。他确定了水的成分，肯定了它不是元素而是化合物。他还发现了硝酸。

## 极度腼腆的科学巨匠

卡文迪许——是那个年代最有才华而又极其古怪的英国科学家。几位作家为他写过传记。用其中一位的话来说，他特别腼腆，"几乎到了病态的程度"。他跟任何人接触都会感到局促不安，连他的管家都要以书信的方式跟他交流。

有一回，他打开房门，只见前门台阶上立着一位刚从维也纳来的奥地利仰慕者。那奥地利人非常激动，对他赞不绝口。一时之间，卡文迪许听着那个赞扬，仿佛挨了一记闷棍，接着，他再也无法忍受，顺着小路飞奔而去，出了大门，连前门也顾不得关上。几个小时以后，他才被劝说回家。

有时候，他也大胆涉足社交界——尤其热心于每周一次的有伟大的博物学家约瑟夫·班克斯举办的科学界聚会——但班克斯总是对别的客人讲清楚，大家绝不能靠近卡文迪许，甚至不能看他一眼。那些想要听取他的意见的人被建议晃悠到他的附近，仿佛不是有意的，然后"只当那里没有人那样说话"，如果他们的话算得上是谈论科学，他们也许会得到一个含糊的答案，但更经常的情形是听到一声怒气冲冲地尖叫（他好像一直是尖声尖气的），转过身来发现真的没有人，瞬间卡文迪许飞也似地逃向一个比较安静的角落。

## 制取了氢气

卡文迪许于 1781 年采用铁与稀硫酸反应而首先制得"可燃空气"（即氢气），他使用了排水集气法并对产生的气体进行了多步干燥和纯化处理。随后他测定了它的密度，研究了它的性质。他使用燃素说来解释，认为在酸和铁的反应中，酸中的燃素被释放出来，形成了纯的燃素——"可燃空气"。

卡尔迪许得知普利斯特里发现在空气中存在"脱燃素气体"（即氧气），就将空气和氢气混合，用电火花引发反应，得出这样的结果"在不断的实验之后，我发现可燃空气可以消耗掉大约 1/5 的空气，在反应容器上有水滴出现"。随后卡文迪许继续研究氢气和氧气反应时的体积比，得出了 2.02：1 的结论。

对于氢气在氧气中燃烧可以生成水这一点的发现权，当时曾引起了争论。因为普利斯特里、瓦特（1736—1819）、卡文迪许都做过类似的实验。1785 年瓦特被选为皇家学会会员，争论以当事人的和解而告终。

# 2.5　霓虹灯为什么五颜六色

名称：稀有气体
性质：化学性质很不活泼，无色、无臭、无味的，微溶于水

　　稀有气体的单质在常温下为气体，且除氩气外，其余几种在大气中含量很少（尤其是氦），故得名"稀有气体"。

## 为什么叫作稀有气体

　　历史上稀有气体曾被称为"惰性气体"，这是因为它们的原子最外层电子构型除氦为 1s 外，其余均为 8 电子构型为 ns2np6，而这两种构型均为稳定的结构。因此，稀有气体的化学性质很不活泼，所以过去人们曾认为它们与其他元素之间不会发生化学反应，称之为"惰性气体"。然而正是这种绝对的概念束缚了人们的思想，阻碍了对稀有气体化合物的研究。

　　1962 年，一个在加拿大工作的 26 岁的英国青年化学家巴特勒特合成了第一个稀有气体化合物——六氟合铂酸氙。这是具有历史意义的第一个含化学键的零族元素化合物，震惊了化学界，引起了化学界的很大兴趣和重视。许多化学家竞相开展这方面的工作，先后陆续合成了多种"稀有气体化合物"，促进了稀有气体化学的发展。而"惰性气体"一名也不再符合事实，故改称稀有气体。

# 稀有气体的发现

六种稀有气体元素是在 1894—1900 年间陆续被发现的。发现稀有气体的主要功绩应归于英国化学家莱姆赛（Ramsay W，1852—1916）。200 多年前，人们已经知道，空气里除了少量的水蒸气、二氧化碳外，其余的就是氧气和氮气。

1785 年，英国科学家卡文迪许在实验中发现，把不含水蒸气、二氧化碳的空气除去氧气和氮气后，仍有很少量的残余气体存在。这种现象在当时并没有 引起化学家的重视。

100 多年后，英国物理学家雷利测定氮气的密度时，发现从空气里分离出来的氮气每升质量是 1.2572g，而从含氮物质制得的氮气每升质量是 1.2505g。经多次测定，两者质量相差仍然是几毫克（mg）。可贵的是雷利没有忽视这种微小的差异，他怀疑从空气分离出来的氮气里含有没被发现的较重的气体。于是，他查阅了卡文迪许过去写的资料，并重新做了实验。1894 年，他在除掉空气里的氧气和氮气以后，得到了很少量的极不活泼的气体。与此同时，雷利的朋友、英国化学家莱姆赛用其他方法从空气里也得到了这样的气体。经过分析，判断该气体是一种新物质。由于这气体极不活泼，所以命名为氩（拉丁文原意是"懒惰"）。以后几年里，莱姆赛等人又陆续从空气里发现了氦气、氖气（名称原意是"新的"意思）、氪气（名称原意是"隐藏"意思）和氙气（名称原意是"奇异"意思）。

# 2.6  太阳元素
## ——氦来到凡间

名称：稀有气体
性质：化学性质很不活泼，无色、无臭、
无味，微溶于水

　　氦为稀有气体的一种。元素名来源于希腊文，原意是"太阳"。氦在通常情况下为无色、无味的气体，氦是唯一不能在标准大气压下固化的物质。氦是最不活泼的元素，基本上不形成什么化合物。氦的应用主要是作为保护气体、气冷式核反应堆的工作流体和超低温冷冻剂。

## 发现了宇宙中的氦

　　1868 年 8 月 18 日，法国天文学家让桑赴印度观察日全食，利用分光镜观察日珥，从黑色月盘背面散射出的红色火焰，看见有彩色的彩条，是太阳喷射出来的炽热和其他光谱。他发现一条黄色谱线。1868 年 10 月 20 日，英国天文学家洛克耶也发现了这样的一条黄线。

　　经过进一步研究，认识到是一条不属于任何已知元素的新线，是因一种新的元素产生的，把这个新元素命名为 helium，来自希腊文 helios（太阳），元素符号定为He。这是第一个在地球以外，在宇宙中发现的元素。为了纪念这件事，当时铸造一块金质纪念牌，一面雕刻着驾着四匹马战车的传说中的太阳神阿波罗（Apollo）像，另一面雕刻着让桑和洛克耶的头像，下面写着：1868 年 8 月 18 日太阳突出物分析。

过了 20 多年后，莱姆赛在研究钇铀矿时发现了一种神秘的气体。由于他研究了这种气体的光谱，发现可能是让桑和洛克耶发现的那条黄线 D3 线。但由于他没有仪器测定谱线在光谱中的位置，他只有求助于当时最优秀的光谱学家之一的伦敦物理学家克鲁克斯（1832—1919）。克鲁克斯证明了这种气体就是氦，这样氦在地球上也被发现了。

## 制取液态氦

1908 年 7 月 13 日晚，荷兰物理学家卡美林·奥涅斯和他的助手们在著名的莱顿实验室取得成功，氦气变成了液体。他第一次得到了 $320cm^3$ 的液态氦。

要得到液态氦，必须先把氦气压缩并且冷却到液态空气的温度，然后让它膨胀，使温度进一步下降，氦气就变成了液体。

液态氦是透明的容易流动的液体，就像打开了瓶塞的汽水一样，不断飞溅着小气泡。

液态氦是一种与众不同的液体，它在 –269℃就沸腾了。在这样低的温度下，氢也变成了固体，千万不要使液态氦和空气接触，因为空气会立刻在液态氦的表面上冻结成一层坚硬的盖子。

多少年来，全世界只有荷兰卡美林·奥涅斯的实验室能制造液态氦。直到 1934 年，在英国卢瑟福那里学习的苏联科学家卡比查发明了新型的液氦机，每小时可以制造 4L 液态氦。以后，液态氦才在各国的实验室中得到广泛的研究和应用。

在今天，液态氦在现代技术上得到了重要的应用。例如，要接收宇宙飞船发来的传真照片或接收卫星转播的电视信号，就必须用液态氦。接收天线末端的参量放大器要保持在液氦的低温下，否则就不能收到图像。

# 2.7　不稀有的稀有气体
## ——氩

名称：氩

元素符号：Ar

种类：非金属元素

性质：无色、无臭和无味的气体

　　氩是一种单质、无色、无臭、无味的稀有气体，是目前最早发现的稀有气体。氩气在自然界中含量很多，但化学性极不活泼，因此它既不能燃烧，也不能助燃，但却是稀有气体中在空气中含量最多的一个。氩气被广泛应用到冶金工业中。

## 氩的发现过程

　　氩曾经在 1785 年由英国化学家亨利·卡文迪许（1731—1810）制备出来，但他却没发现这是一种新的元素；直到1894年，英国物理学家约翰·威廉·斯特拉斯（1842—1919）和苏格兰的化学家威廉·莱姆赛才通过实验确定氩是一种新元素。他们主要是先从空气样本中去除氧、二氧化碳、水蒸气等后得到的氮气与从氨分解出的氮气比较，结果发现从氨里分解出的氮气比从空气中得到的氮气轻 1.5%。虽然这个差异很小，但是已经大到误差的范围之外。所以他们认为空气中应该含以一种不为人知的新气体，而那个新气体就是氩气。

　　其实在 1882 年 H.F. 纽厄尔和 W.N. 哈特莱从两个独立的实验中观测空气的颜色光谱时，发现光谱中存在已知元素光谱无法解释的谱线，但并没有意识到那就是氩气。

由于在自然界中含量很多，氩是目前最早发现的稀有气体，它的符号为 Ar。

## 不是很稀有的稀有气体

氩在地球大气中的含量以体积计算为 0.934%，而以质量计算为 1.29%，至于在地壳中可说是完全不含氩，因为氩在自然情况下不与其他化合物反应，而无法形成固态物质。也因为这样，工业用的氩大多就直接从空气中提取。主要是用分馏法提取，而像氮、氧、氖、氪、氙等气体也都是这样从空气中提取的。

在火星的大气中，氩–40 以体积计算的话占有 1.6%，而氩–36 的浓度为 5ppm（百万分之五）；另外 1973 年水手号计划的太空探测器飞过水星时，发现它稀薄的大气中占有 70% 氩气，科学家相信这些氩气是从水星岩石本身的放射性同位素衰变而成的。卡西尼 – 惠更斯号在土星最大的卫星，也就是泰坦上，也发现少量的氩。

知识
链接

氩稳定的同位素有 24 种，一般来说稳定的氩 –40 是由地壳中的钾 –40(40K) 经由电子俘获或正子发射衰变来的。钾 –40 以这两种方式衰变成氩只占所有的 11.2%，另外还有 88.8% 的氩经由钙 –40(40Ca) 的 β 衰变而来。这个特性可以被用来测定岩石的年龄。

在地球大气中，不稳定的氩 –39(39Ar) 可经由宇宙射线轰击氩 –40 而生成，另外也可以经由钾 –39(39K) 的中子俘获而来。至于氩 –37，则可以从 (37Ar) 核试验中形成的钙的人造同位素衰变而来，氩 –37 的寿命非常短，半衰期只有 35 天。

# 2.8  多才多艺的氯气大显身手

名称：氯

元素符号：Cl

性质：黄绿色气体，有窒息性臭味

氯单质由两个氯原子构成，化学式为 $Cl_2$。气态氯单质俗称氯气，液态氯单质俗称液氯。常温下的氯气是一种黄绿色、刺激性气味、有毒的气体。氯是一种化学性质非常活泼的元素，它几乎能跟一切普通金属以及许多非金属直接化合。

## 发现氯的曲折过程

氯气的发现应归功于瑞典化学家舍勒（1742—1786）。舍勒是 18 世纪中后期欧洲的一位相当出名的科学家，他从少年时代起就在药房当学徒，他迷恋实验室工作，他在仪器、设备简陋的实验室里做了大量的化学实验，涉及内容非常广泛，发明也非常多，他以其短暂而勤奋的一生，对化学做出了突出的贡献，赢得了人们的尊敬。

舍勒发现氯气是在 1774 年，当时他正在研究软锰矿（二氧化锰），当他使软锰矿与浓盐酸混合并加热时，产生了一种黄绿色的气体，这种气体强烈的刺激性气味使舍勒感到极为难受，但是当他确信自己制得了一种新气体后，他又感到一种由衷的快乐。

舍勒制备出氯气以后，把它溶解在水里，发现这种水溶液对纸张、蔬菜和花都具有永久性的漂白作用；他还发现氯气能与金属或金属氧化物发生化学反应。从 1774

年舍勒发现氯气以后,到 1810 年,许多科学家先后对这种气体的性质进行了研究。这期间,氯气一直被当作一种化合物。直到 1810 年,英国化学家汉弗莱·戴维(1778—1829)经过大量实验研究,才确认这种气体是由一种化学元素组成的物质。他将这种元素命名为 chlorine,这个名称来自希腊文,有"绿色的"意思。我国早年的译文将其译作"绿气",后改为氯气。

## 多才多艺的氯

氯的产量是工业发展的一个重要标志。氯主要用于化学工业尤其是有机合成工业上,以生产塑料、合成橡胶、染料及其他化学制品或中间体,还用于漂白剂、消毒剂、合成药物等。

氯气可以作为一种廉价的消毒剂,一般的自来水及游泳池就常采用它来消毒。但由于氯气的水溶性较差,且毒性较大,容易产生有机氯化合物,故常使用二氧化氯($ClO_2$)代替氯气作为水的消毒剂(如中国、美国等)。

湿润的氯气可用于纸浆和棉布的漂白,不同于二氧化硫($SO_2$)的漂白性,氯气的漂白性为不可还原且较腐蚀性较强,因此不宜以此作为丝绸物品的漂白剂。

知识
链接

氯气是一种有毒气体,它主要通过呼吸道侵入人体并溶解在黏膜所含的水分里,生成次氯酸和盐酸,对上呼吸道黏膜造成有害的影响:次氯酸使组织受到强烈的氧化;盐酸刺激黏膜发生炎性肿胀,使呼吸道黏膜浮肿,大量分泌黏液,造成呼吸困难,所以氯气中毒的明显症状是发生剧烈的咳嗽。症状重时,会发生肺水肿,使循环作用困难而致死亡。由食道进入人体的氯气会使人恶心、呕吐、胸口疼痛和腹泻。1L 空气中最多可允许含氯气 0.001mg,超过这个量就会引起人体中毒。

# 2.9　杀死科学家的凶手
## ——氟

名名称：氟
元素符号：F
性质：浅黄绿色的、有强烈助燃性的、刺激性毒气

氟属于卤素，是在化合物中显负一价的非金属元素，通常情况下氟气是一种浅黄绿色的、有强烈助燃性的、刺激性毒气，是已知的最强的氧化剂之一，元素符号 F。

## 氟气的发现

经过 19 世纪初期的化学家反复分析，肯定了盐酸的组成，确定了氯是一种元素之后，氟就因它和氯的相似性很快被确认是一种元素，相应地存在于氢氟酸中。虽然它的单质状态一直拖延到 19 世纪 80 年代才被分离出来。

氟和氯一样，也是自然界中广泛分布的元素之一，在卤素中，它在地壳中的含量仅次于氯。

早在 16 世纪前半叶，氟的天然化合物萤石（$CaF_2$）就被记述于欧洲矿物学家的著作中，当时这种矿石被用作熔剂，把它添加在熔炼的矿石中，以降低熔点。因此氟的拉丁名称 fluorum 从 fluo（流动）而来。它的元素符号由此定为 F。

拉瓦锡在 1789 年的化学元素表中将氢氟酸当作是一种元素。到 1810 年戴维确定了氯气是一种元素，同一年法国科学家安培根据氢氟酸和盐酸的相似性质和相似组成，大胆推断氢氟酸中存在一种新元素。他并建议参照氯的命名给这种元素命名为 fluorine。但单质状态的氟却迟迟未能制得，直到 1886 年 6 月 26 日，才由法国化学家弗雷米的学生莫瓦桑制得。莫瓦桑因此获得 1906 年诺贝尔化学奖，他是由于在化学元素发现中做出贡献而获诺贝尔化学奖的第二人。

## 氟气的制取

莫瓦桑 1852 年 9 月 28 日生于巴黎蒙托隆街 5 号，少年时代饱尝贫困之苦，未能接受高等教育，靠自学步入了化学这一科学殿堂。

莫氏总结前人分离氟元素失败的原因，并以他们的实验方案作为基础，为了减低电解的温度，他曾选用低熔点的三氟化磷及三氟化砷进行电解，阳极上有少量气泡冒出，但仍腐蚀铂电极，而大部分气泡仍未升上液面时被液态氟化砷吸收掉，分离又告失败，其中还发生了四次的中毒事件而迫使暂停实验。

1886 年总结其恩师弗雷米电解氟化氢的失败经验，他决定采用液态氟化氢作电解质，在这种不导电的物质中加入氟氰化钾，进行实验。6 月 26 日那天，开始进行实验，阳极放出了气体，他把气流通过硅时顿起耀眼的火光，根据他的报告：被采集的气体呈黄绿色，氟元素终于被成功分离了。

# 2.10　地球的保护神
## ——臭氧

名称：臭氧

性质：臭氧的气体明显地呈蓝色，液态呈暗蓝色，固态呈蓝黑色

　　臭氧是氧的同素异形体。气态臭氧厚层带蓝色，有刺激性腥臭气味，浓度高时与氯气气味相像；液态臭氧深蓝色，固态臭氧紫黑色。

## 臭氧的发现与作用

　　1840 年德国 C.F. 舍拜恩在电解稀硫酸时，发现有一种特殊臭味的气体释出，因此将它命名为臭氧。

　　因为臭氧具有极强的氧化性的特点，被世界公认是一种广谱高效杀菌剂，它的氧化能力高于氯 1 倍，灭菌比氯快 600 ～ 3000 倍，甚至几秒钟内可以杀死细菌。臭氧可杀灭细菌繁殖体和芽孢、病毒、真菌等，并可破坏肉毒杆菌毒素，可以清除空气和杀灭空气中、水中、食物中的有毒物质，常见的大肠杆菌、粪链球菌、绿脓杆菌、金黄葡萄球菌、霉菌等，在臭氧的环境中 5min，其杀灭率可达 99% 以上。将臭氧溶于水中可形成臭氧水，臭氧水是一种对各种致病微生物有极强杀灭作用的消毒灭菌水剂，用臭氧水清洗瓜果、蔬菜、衣物、器皿等，可除去上面残留的农药异味等，并能延长食品的保鲜期。臭氧被称为绿色环保元素，因为在杀菌、消毒过程中，臭氧可自行还原为氧和水，没有任何残留和二次污染，这是其他任何化学元素消毒剂都无法做到的。

## 臭氧层保护人类

自然界中的臭氧，大多分布在距地面 20 ~ 50km 的大气中，我们称之为臭氧层。臭氧层中的臭氧主要是紫外线制造出来的。臭氧形成后，由于其密度大于氧气，会逐渐地向臭氧层的底层降落，在降落过程中随着温度的变化（上升），臭氧不稳定性愈趋明显，再受到长波紫外线的照射，再度还原为氧。臭氧层就是保持了这种氧气与臭氧相互转换的动态平衡。

在这么广大的区域内到底有多少臭氧呢？估计小于大气的十万分之一。如果把大气中所有的臭氧集中在一起，仅仅有 3cm 薄的一层。那么，地球表面是否有臭氧存在呢？回答是肯定的。太阳的紫外线大概有近 1% 部分可达地面，尤其是在大气污染较轻的森林、山间、海岸周围的紫外线较多，存在比较丰富的臭氧。

此外，雷电作用也产生臭氧，分布于地球的表面。正因为如此，雷雨过后，人们感到空气的清爽，人们也愿意到郊外的森林、山间、海岸去吮吸大自然清新的空气，享受自然美景的同时，让身心来一次爽爽快快的"洗浴"，这就是臭氧的功效，所以有人说，臭氧是一种干净清爽的气体。

# 第 3 章

# 千姿百态的金属

这种散发着光芒的物质将人类的生活装点得更加美丽。这种气质刚硬的物质，使得人类能够在与尖牙利爪的争斗中胜出。它的千姿百态，它的变幻莫测，是让人类对它更加着迷的原因所在。

# 3.1　生性活泼的锂

名称：锂
元素符号：Li
种类：金属元素
属性：银白色、质软、密度最小的金属

　　锂是一种柔软的银白色的金属，首先它特别的轻，是所有金属中最轻的一个。它生性活泼，爱与其他物质结交。

## 生性活泼

　　锂生性活泼，喜动不喜静。喜欢与各种物质结交。比如，将一小块锂投入玻璃器皿中，塞上磨砂塞，里边会通过反应很快耗尽器皿内的空气，使其成为真空。于是，纵然你使上九牛二虎之力，也别想把磨砂塞拔出来。显然，对于这样一个顽皮的家伙，要保存它是十分困难的，它不论是在水里，还是在煤油里，都会浮上来燃烧。化学家们最后只好把它强行按入凡士林油或液体石蜡中，把它的野性禁锢起来，不许它惹是生非。

## 锂的发现

　　锂是继钾和钠后发现的又一碱金元素。发现它的是瑞典化学家贝齐里乌斯（1779—1848）的学生阿尔费特森。1817 年，他在分析透锂长石时发现了一种新金属，贝齐里乌斯将这一新金属命名为 lithium，元素符号定为 Li。该词来自希腊文 lithos（石头）。

锂发现的第二年，得到法国化学家伏克兰重新分析肯定。

工业化制锂是在 1893 年由根莎提出的，锂从被认定是一种元素到工业化制取前后历时 76 年。现在电解氯化锂制取锂，仍要消耗大量的电能，每炼 1t（吨）锂就耗电高达六七万度（kW·h）。

锂被人发现已有 170 多年了。在它出世后的 100 多年中，它主要作为抗痛风药服务于医学界。直到 20 世纪初，锂才开始步入工业界，崭露头角。例如，锂与镁组成的合金，能像点水的蜻蜓那样浮在水上，既不会在空气中失去光泽，又不会沉入水中，成为航空、航海工业的宠儿。

知识
链接

锂高能电池是一种前途广泛的动力电池。它重量轻，储电能力大，充电速度快，适用范围广，生产成本低，工作时不会产生有害气体，不至于造成大气污染。

由锂制取氚，用来发动原子电池组，中间不需充电，可连续工作 20 年。

氢弹里装的不是普通的氢，而是比普通氢几乎要重 1 倍的重氢或重 2 倍的超重氢。用锂能够生产出超重氢——氚，还能制造氢化锂、氘化锂、氚化锂。

早期的氢弹都用氘和氚的混合物作"炸药"，当今的氢弹里的"爆炸物"多数是锂和氘的化合物——氘化锂。我国 1967 年 6 月 17 日成功地爆炸的第一颗氢弹，其中的"炸药"就是氢化锂和氘化锂。1kg 氘化锂的爆炸力相当于 50000t 烈性梯恩梯炸药。据估计，1kg 铀的能量若都释放出来可以使一列火车运行 40000km；1kg 氘和氚的混合物通过热核反应放出的能量，相当于燃烧 20000 多吨优质煤，比 1kg 铀通过裂变产生的原子能多 10 倍。

# 3.2　曾经的"贵族"金属
## ——铝

名称：铝

元素符号：Al

种类：轻金属

属性：有延展性

　　铝是白色轻金属，在地壳中的含量仅次于氧和硅，居第 3 位。铝在航空、建筑、汽车这三大产业中有非常重要和广泛的应用。

## 拿破仑三世的王冠

　　在 150 多年前，狂妄自大、骄奢淫逸的法国皇帝拿破仑三世，为显示自己的富有和尊贵，命令官员给自己制造一顶铝王冠。他戴上铝王冠，神气十足地接受百官的朝拜，这成为轰动一时的新闻。拿破仑三世在举行盛大宴会时，他有一套专用的餐具，是用铝制作的，而别人只能用金制、银制餐具。

　　听起来似乎不可思议，铝怎么会成为制作王冠的材料？皇帝的御用餐具用铝来制作？但这是事实，那时候的铝，是一种稀有的贵重金属，被称为"银色的金子"，比黄金还珍贵。

　　那时候的铝之所以贵重，在于当时落后的冶炼技术。

　　铝在 19 世纪才被发现，然而奇怪的是，铝在被发现很长时间，而且已经有了自己的名字很久之后，才被正式地提炼出来。

铝刚被提炼出来后，被当作贵重金属，被当作珠宝来对待。泰国当时的国王曾用过铝制的表链；1855 年巴黎国际博览会上，展出了一小块铝，标签上写道："来自黏土的白银"，并将它放在最珍贵的珠宝旁边。1889 年，俄国沙皇赐给门捷列夫铝制奖杯，以表彰其编制化学元素周期表的贡献。

1886 年，美国的豪尔和法国的海朗特，分别独立地电解熔融的铝矾土和冰晶石的混合物制得了金属铝，奠定了今天大规模生产铝的基础。这样使得铝的价格大大下降，不再受到珠宝商的青睐，而生活生产中大规模的应用也成为可能。

## 铝的发现

1825 年，丹麦科学家奥斯特（1777—1851）发表文章说，他提炼出一块金属，颜色和光泽有点像锡。他是将氯气通过红热的木炭和铝土（氧化铝）的混合物，制得了氯化铝，然后让钾汞齐（汞齐是汞与其他金属（如 Bi、In、Sn 等）所组成的合金的总称。大多成固态，若水银成分多则呈液态，大部分金属都溶于汞。）与氯化铝作用，得到了铝汞齐。将铝汞齐中的汞在隔绝空气的情况下蒸掉，就得到了一种金属。现在看来，他所得到的是一种不纯的金属铝。

奥斯特忙于研究自己的电磁现象，这个实验被忽视，而他的朋友德国年轻化学家维勒（1800—1882），在知道了这件事之后，很感兴趣，便开始重复奥斯特的实验，但未能制出纯金属铝。于是，他改进了实验方法，终于提炼出了纯度较高的金属铝。

1827 年末，维勒发表文章介绍了自己提炼铝的方法。当时，他提炼出来的铝是颗粒状的，大小没超过一个针头。但他坚持把实验进行下去，终于提炼出了一块致密的铝块，这个实验用去了他十八个年头。

# 3.3　工业维生素
## ——稀土金属

元素符号：钪 (Sc)、钇 (Y)、镧 (La)、

种类：钪、钇、镧系 17 种元素的总称

属性：化学活性很强

　　稀土金属是从 18 世纪末叶开始陆续发现。从 1794 年芬兰化学家加多林（1760—1852）分离出钇土至 1947 年制得钷，历时 150 多年。当时人们常把不溶于水的固体氧化物称为土，例如，把氧化铝叫陶土。稀土一般是以氧化物状态分离出来，又很稀少，因而得名稀土。

## 廉价的重要战略物资

　　邓小平曾经说过，"中东有石油，中国有稀土"，稀土是可以与石油相提并论的主要战略物资。

　　在目前已探明的稀土储量中，中国第一，约占世界总储量 21000 万吨的 43%，独联体达 4000 万吨，世界储量的 19.5%，位居第二，美国为 2700 万吨，占世界 12.86%，位居第三。其次巴西、澳大利亚、越南、加拿大和印度等国的拥有量也相当可观。

　　中国控制世界稀土市场 98% 的份额。但是稀土的价格在多年以来一直被以"土豆价""白菜价"卖到国外。

从中国进口稀土的主要三个国家有：日本、韩国、美国。其中，日本、韩国没有稀土资源，而美国拥有稀土资源但禁止开采。如果中国一直保持着这样的出口量，20 年后，中国可能成为稀土小国或无稀土国。

2009 年开始，中国加大对稀土出口的管理。

## 万能之土

在军事方面，稀土可以大幅度提高用于制造坦克、飞机、导弹的钢材、铝合金、镁合金、钛合金的战术性能。而且，稀土同样是电子、激光、核工业、超导等诸多高科技的润滑剂。美国在军事上的先进，也可以说成是美国在稀土开发利用上的先进。

在冶金工业方面，稀土金属加入钢中，能脱除有害杂质，并可以改善钢的加工性能；稀土硅铁合金、稀土硅镁合金作为球化剂生产稀土球墨铸铁，用于汽车、拖拉机、柴油机等机械制造业；稀土金属添加至镁、铝、铜、锌、镍等有色合金中，可以改善合金的物理化学性能，并提高合金室温及高温力学性能（旧称机械性能）。

在新材料方面，稀土钴及钕、铁、硼永磁材料，具有高剩磁、高矫顽力和高磁能积，被广泛用于电子及航天工业；纯稀土氧化物和三氧化二铁化合而成的石榴石型铁氧体单晶及多晶，多用于微波与电子工业；用高纯氧化钕制作的钇铝石榴石和钕玻璃，可作为固体激光材料；稀土六硼化物可用于制作电子发射的阴极材料；近年来，世界各国采用钡钇铜氧元素改进的钡基氧化物制作的超导材料，可在液氮温区获得超导体，使超导材料的研制取得了突破性进展。

# 3.4　补钙是永远不过时的话题

名称：钙

元素符号：Ca

种类：金属元素

属性：质软，化学性质活泼

钙是一种质软的银白色金属，化学性质活泼，能与水、酸反应，有氢气产生。在空气在其表面会形成一层氧化物和氮化物薄膜，以防止继续受到腐蚀。加热时，几乎能还原所有的金属氧化物。

## 天才科学家的妙手偶得

英国化学家戴维是世界上最伟大的科学家之一，他最主要的成就是发现了很多化学元素。

1808 年 5 月，戴维电解石灰与氧化汞的混合物，得到钙汞合金，将合金中的汞蒸馏后，就获得了银白色的金属钙。瑞典的贝齐里乌斯、法国的蓬丁，使用汞阴极电解石灰，在阴极的汞齐中提出金属钙。

钙在自然界分布广，以化合物的形态存在，如石灰石、白垩、大理石、石膏、磷灰石等；也存在于血浆和骨骼中，并参与凝血和肌肉的收缩过程。金属钙可由电解熔融的氯化钙而制得；也可用金属在真空中还原石灰，再经蒸馏而获得。

# 人体不可缺

钙是人体内含量最多的一种无机盐。正常人体内钙的含量为 1200 ～ 1400g，占人体重量的 1.5% ～ 2.0%，其中 99% 存在于骨骼和牙齿之中。另外，1% 的钙大多数呈离子状态存在于软组织、细胞外液和血液中，与骨钙保持着动态平衡。机体内的钙，一方面构成骨骼和牙齿，另一方面则可参与各种生理功能和代谢过程，影响各个器官组织的活动。

钙与镁、钾、钠等离子保持一定比例，使神经、肌肉保持正常的反应；钙可以调节心脏搏动，保持心脏连续交替地收缩和舒张；钙能维持肌肉的收缩和神经冲动的传递；钙能刺激血小板，促使伤口上的血液凝结；在机体中，有许多种酶需要钙的激活，才能显示其活性。

知识
链接

钙除了是骨骼发育的基本条件，直接影响身高外，还在体内具有其他重要的生理功能。这些功能对维护机体的健康，保证正常生长发育的顺利进行具有重要作用。钙能促进体内某些酶的活动，调节酶的活性作用；参与神经、肌肉的活动和神经递质的释放；调节激素的分泌。血液的凝固、细胞黏附、肌肉的收缩活动也都需要钙。钙还具调节心律、降低心血管的通透性、控制炎症和水肿、维持酸碱平衡等作用。

# 3.5　钢铁中的秘密你知道多少

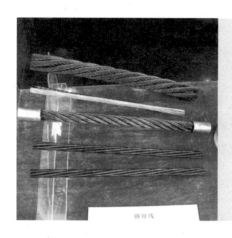

名称：铁

元素符号：Fe

种类：黑色金属

属性：有良好的延展性和导电性，性活泼

　　铁是人类运用最广泛的金属之一，也是人类使用时间最长的金属之一。铁为柔韧而有延展性的银白色金属。铁是地球上分布最广的金属之一，约占地壳质量的5.1%，居元素分布序列中的第4位，仅次于氧、硅和铝。

## 钢不同于铁

　　铁碳合金分为钢与生铁两大类，钢是含碳量为0.03% ~ 2%的铁碳合金。

　　碳钢是最常用的普通钢，冶炼方便、加工容易、价格低廉，而且在多数情况下能满足使用要求，所以应用十分普遍。按含碳量不同，碳钢又分为低碳钢、中碳钢和高碳钢。随含碳量升高，碳钢的硬度增加、韧性下降。合金钢又叫作特种钢，在碳钢的基础上加入一种或多种合金元素，使钢的组织结构和性能发生变化，从而具有一些特殊性能，如高硬度、高耐磨性、高韧性、耐腐蚀性等。经常加入钢中的合金元素有硅、钨、锰、铬、镍、钼、钒、钛等。合金钢的资源相当丰富，除铬、钴不足，锰品位较低外，钨、钼、钒、钛和稀土金属储量都很高。21世纪初，合金钢在钢的总产量中的比例有大幅度增长。

　　含碳量2% ~ 4.3%的铁碳合金称生铁。生铁硬而脆，但耐压耐磨。根据生铁中碳存在的形态不同又可分为白口铁、灰口铁和球墨铸铁。白口铁断口呈银白色，质硬而脆，不能进行机械加工，是炼钢的原料，故又称炼钢生铁。碳以片状石墨形态分布的称灰口铁，断口呈银灰色，易切削，易铸，耐磨。若碳以球状石墨分布则称球墨铸铁，其力学性能、加工性能接近于钢。在铸铁中加入特种合金元素可得特种铸铁，如加入铬，耐磨性可大幅度提高，在特种条件下有十分重要的应用。

## 人类的好朋友

铁在自然界中分布极为广泛，但人类发现和利用铁却比黄金和铜要晚。首先是由于天然的单质状态的铁在地球上非常稀少，而且它容易氧化生锈，加上它的熔点又比铜高得多，就使得它比铜难于熔炼。人类最早发现的铁是从天空落下来的陨石，陨石中含铁的百分比很高。在熔化铁矿石的方法尚未问世，人类不可能大量获得生铁的时候，铁一直被视为一种带有神秘性的最珍贵的金属。

西亚赫梯人是最早发现和掌握炼铁技术的。我国从东周时就有炼铁，至春秋战国时代普及，是较早掌握冶铁技术的国家之一。我国最早人工冶炼的铁是在春秋战国之交的时期出现的。这从江苏六合县春秋墓出土的铁条、铁丸和河南洛阳战国早期灰坑出土的铁锛均能确定是迄今为止的我国最早的生铁工具。生铁冶炼技术的出现对封建社会的作用与蒸汽机对资本主义社会的作用可以媲美。

铁的发现和大规模使用，是人类发展史上的一个光辉里程碑，它把人类从石器时代、铜器时代带到了铁器时代，推动了人类文明的发展。至今铁仍然是现代工业的基础，人类进步必不可少的金属材料。

# 3.6　人体不可或缺元素
## ——锌

名称：锌

元素符号：Zn

性质：浅灰色过渡金属

锌是人体生理所必需的微量元素之一。人体的机体含锌 2 ~ 2.5g。人体内的锌主要存在于肌肉、骨骼、皮肤(包括头发)中。

## 锌是多面手

锌在人体中含量虽然不多，但是作用很关键。

一是参加人体内许多金属酶的组成。锌是人机体中 200 多种酶的组成部分，在按功能划分的六大酶类（氧化还原酶类、转移酶类、水解酶类、裂解酶类、异构酶类和合成酶类）中，每一类中均有含锌酶。

二是促进机体的生长发育和组织再生。锌是调节基因表达即调节 DNA 复制、转译和转录的 DNA 聚合酶的必需的组成部分，因此，缺锌动物的突出的症状是生长、蛋白质合成、DNA 和 RNA 代谢等发生障碍。

三是促进食欲。

动物和人缺锌时，出现食欲缺乏。锌可通过其参与构成的含锌蛋白对味觉和食欲发生作用，从而促进食欲。

四是锌缺乏对味觉系统有不良的影响，导致味觉迟钝。因为唾液蛋白对锌的依赖性比较高。

五是保护皮肤健康。动物和人都可因缺锌而影响皮肤健康，出现皮肤粗糙、干燥等现象。

此外，锌还可促进伤口的愈合，增强机体抵抗力。

## 应该怎么样补锌

正是因为锌对人体如此重要，所以"补锌"才会继补钙之后，成为人们关注的又一热点话题。不论是发育期的儿童、怀孕的妈妈、忙碌的白领，还是体质大不如从前的老人，似乎都在想着法子"补锌"。

但是，补锌也不是越多越好，二是要适量，儿童过量补锌不但起不到促进孩子生长的作用，反而会引起中毒，可能影响生长发育。

其实，只要正常饮食，就不会缺锌。

尽管缺锌能导致婴幼儿厌食、生长缓慢，成年人身体抵抗力下降、皮肤伤口愈合慢等问题，但锌作为一种微量元素，每天的需求量并不大。

据介绍，0～6个月的婴儿每天只需要 1.5mg 锌，7～12 个月的婴儿为 8mg，之后随年龄增长，对锌的需求量缓慢递增，到 14～18 岁时增至最高量 19mg。一旦过了 18 岁，人体对锌的需求量就会下降，每天只需要摄入 11.5mg 就够了。

对于不缺锌的人来说，额外补充有可能造成体内锌过量，从而引发代谢紊乱，甚至对大脑造成损害。服用锌过量会导致人出现呕吐、头痛、腹泻、抽搐等症状，并可能损伤大脑神经元，导致记忆力下降。

此外，体内锌含量过高，可能会抑制机体对铁和铜的吸收，并引起缺铁性贫血。尤其需要注意的是，过量的锌很难被排出体外。

# 3.7 带来了光明的金属
## ——钨

名称：钨

元素符号：W

种类：金属元素

属性：银白色金属，外形似钢

　　钨是属于有色金属，也是重要的战略金属，钨矿在古代被称为"重石"。 是银白色有光泽的金属，熔点极高，硬度很大。

## 给人类带来光明的金属

　　人们对钨是耳熟能详的。在现代社会里，所有人都离不开它。钨把光明送给了世界，人们从此可以在夜间从事更精细的工作，极大地提高了工作效率、生产效率。

　　钨是稀有高熔点金属，属于元素周期表中第六周期（第二长周期）的 VIB 族。钨是一种银白色金属，外形似钢。钨的熔点高，蒸气压很低，蒸发速度也较小。钨的化学性质很稳定，常温时不跟空气和水反应，不加热时，任何浓度的盐酸、硫酸、硝酸、氢氟酸以及王水对钨都不起作用，当温度升至 80 ~ 100℃时，除氢氟酸外，其他的酸对钨发生微弱作用。常温下，钨可以迅速溶解于氢氟酸和浓硝酸的混合酸中，但在碱溶液中不起作用。有空气存在的条件下，熔融碱可以把钨氧化成钨酸盐，在有氧化剂存在的情况下，生成钨酸盐的反应更猛烈。高温下能与氯、溴、碘、碳、氮、硫等化合，但不与氢化合。

# 钨的发现

1781 年由瑞典化学家卡尔·威廉·舍耶尔发现白钨矿，并提取出新的元素——钨酸，1783 年被西班牙人德普尔亚发现黑钨矿也从中提取出钨酸，同年，用碳还原三氧化钨第一次得到了钨粉，并命名该元素。

钨在地壳中的含量为 0.001%。已发现的含钨矿物有 20 种。钨矿床一般伴随着花岗质岩浆的活动而形成。

目前世界上开采出的钨矿，约 50% 用于优质钢的冶炼，约 35% 用于生产硬质钢，约 10% 用于制钨丝，约 5% 用于其他用途。

18 世纪 50 年代，化学家曾发现钨对钢性质的影响。然而，钨钢开始生产和广泛应用是在 19 世纪末和 20 世纪初。

1900 年在巴黎世界博览会上，首次展出了高速钢。因此，钨的提取工业从此得到了迅猛发展。这种钢的出现标志了金属切割加工领域的重大技术进步。钨成为最重要的合金元素。

1927—1928 年采用以碳化钨为主要成分研制出硬质合金，这是钨在工业发展史中的一个重要阶段。这些合金各方面的性质都超过了最好的工具钢，在现代科学技术中得到了广泛的使用。

# 3.8　人最早的金属朋友
## ——铜

名称：铜

元素符号：Cu

种类：过渡金属

属性：紫红色，稍硬，极坚韧，耐磨损，有很好的延展性、导电性和导热性

　　铜是人类最早发现并使用的金属，生活器皿、农具以及钱币，无不与铜密切相关。铜的使用对早期人类文明的进步影响深远。直到现在，铜依然是人类不可或缺的金属之一。

## 铜臭是什么味

　　铜甚至已经成为钱的代称，古代的文人看到暴发户的种种陋习，往往翻着白眼，吸着鼻子说，"有铜臭味"。

　　人类用铜铸造钱币的历史已经上不可溯，应该是在贝币使用之后，用铜铸造的钱币也就诞生了。如此历代相传，一直沿袭至今。现代社会利用铜来铸造钱币，比起古人来犹有过之。

　　在铜币的应用中，除了变化尺寸以外，可以很方便地采用不同合金成分、改变合金色彩来制造和区分不同面值的货币。常用的有含 25% 镍的"银币"，含 20% 锌和 1% 锡的黄铜币，以及含少量锡（3%）和锌（1.5%）的"铜"币。全世界每年生产铜币要消耗成千上万吨的铜。仅伦敦皇家造币厂一家，每年生产 7 亿个铜币，就需要大约七千吨铜。

# 青铜器皿

铜是人类最早使用的金属。早在史前时代，人们就开始采掘露天铜矿，并用获取的铜制造武器、工具和其他器皿。

随着生产的发展，只是使用天然铜制造的生产工具就不敷应用了，生产的发展促使人们找到了从铜矿中取得铜的方法。含铜的矿物比较多见，大多具有鲜艳而引人注目的颜色，例如，金黄色的黄铜矿（铜铁硫化物），鲜绿色的孔雀石，深蓝色的石青等，把这些矿石在空气中焙烧后形成氧化铜，再用碳还原，就得到金属铜。

纯铜制成的器物太软，易弯曲。人们发现把锡掺到铜里去，可以制成铜锡合金——青铜。青铜是人类历史上一项伟大发明，也是金属冶铸史上最早的合金。青铜发明后，立刻盛行起来，从此人类历史也就进入新的阶段——青铜时代。

作为代表当时最先进的金属冶炼、铸造技术的青铜，也主要用在祭祀礼仪和战争上。夏、商、周三代所发现的青铜器，都是作为礼仪用具和武器以及围绕二者的附属用具，这一点与世界各国青铜器有所区别，形成了具有中国传统特色的青铜器文化体系。

## 扩展阅读：

最近几十年，人们还发现铜有非常好的医学用途。20 世纪 70 年代，我国医学发明家刘同庆、刘同乐研究发现，铜元素具有极强的抗癌功能，并成功研制出相应的抗癌药物"克癌 7851"，在临床上获得成功。后来，墨西哥科学家也发现铜有抗癌功能。最近，英国研究人员又发现，铜元素有很强的杀菌作用。相信不久的将来，铜元素将为提高人类健康水平做出巨大贡献。

# 3.9  与女神同名的金属
## ——钒

名称：钒

元素符号：V

种类：银白色金属

属性：难熔、质坚，有延展性，

无磁性

　　钒是一种银白色金属，在元素周期表属于 VB 族，与钨、钽、钼、铌、铬和钛等被称为难熔金属，具有耐盐酸和硫酸的本领。

## 人所离不开的元素

　　钒是人的正常生长所必需的矿物质，钒有多种价态，有生物学意义的是四价和五价态。四价态钒为氧钒基阳离子，易与蛋白质结合形成复合物，而防止被氧化。五价态钒为氧钒基阳离子，易与其他生物物质结合形成复合物，在许多生化过程中，钒酸根能与磷酸根竞争，或取代磷酸根。钒酸盐可以被维生素 C、谷胱甘肽或 NADH 烟酰胺腺嘌呤二核苷酸还原。其在人体健康方面的作用，营养学界及医学界至今仍不是很清楚，仍处在进一步发掘的过程中，但可以确定，钒有重要作用。一般认为，它可能有助于防止胆固醇蓄积、降低过高的血糖、防止龋齿、帮助制造红细胞等。每天会经尿液流失部分钒。

## 一波三折的发现

　　1830 年瑞典化学家塞夫斯特伦（1787—1845）在研究斯马兰矿区的铁矿时，用酸溶解铁，在残渣中发现了钒。因为钒的化合物的颜色五颜六色，十分漂亮，所以就用古希腊神话中一位叫凡娜迪丝"Vanadis"的美丽女神的名字给这种新元素起名叫"Vanadium"。中文按其译音定名为钒。塞夫斯特伦、维勒、贝齐里乌斯等人都曾研究过钒，确认钒的存在，但他们始终没有分离出单质钒。在塞夫斯特伦发现钒后 30 多年，1869 年英国化学家罗斯科用氢气还原二氧化钒，才第一次制得了纯净的金属钒。

 知识
链接

在自然界中还有许多低等动物，比如海里面的海星、海胆等，它们的血液是蓝色的。而在高等动物与低等动物之间还有一些动物的血液是绿色的。

为什么血液会有这些不同的颜色呢？

原来，高等动物的血液中含有铁离子，铁离子呈现出的是红色，所以高等动物的血液就是红色的。低等动物的血液中含的是铜离子，铜离子的溶液是蓝色的，比如硫酸铜溶液是天蓝色的，因而低等动物的血液是蓝色的。居于它们之间的那些动物的血液中含有三价钒离子，三价钒离子显绿色，所以这些动物的血液就是绿色的。

# 3.10    "吃人妖湖" 里的秘密
## ——汞

名称：汞

元素符号：Hg

种类：金属元素

性质：银白色，熔点是最低，
在常温下呈液态并易流动

汞通称水银，是在正常大气压力的常温下唯一以液态存在的金属。熔点 –38.87℃，沸点 356.6℃，密度 13.59g/cm³。银白色液体金属。

## 汞的性质与用途

汞的内聚力很强，在空气中稳定。蒸气有剧毒。溶于硝酸和热浓硫酸，但与稀硫酸、盐酸、碱都不起作用。能溶解许多金属。化合价为 +1 和 +2。汞的 7 种同位素的混合物，具有强烈的亲硫性和亲铜性，即在常态下，很容易与硫和铜的单质化合并生成稳定化合物，因此在实验室通常会用硫单质去处理撒漏的水银。

汞的用途较广，在总的用量中，金属汞约占 30%，化合物状态的汞约占 70%。冶金工业常用汞齐法（汞能溶解其他金属形成汞齐）提取金、银和铊等金属。化学工业用汞作阴极以电解食盐溶液制取烧碱和氯气。汞的一些化合物在医药上有消毒、利尿和镇痛作用，汞银合金是良好的牙科材料。在中医学上，汞用作治疗恶疮、疥癣药物的原料。汞可用作精密铸造的铸模和原子反应堆的冷却剂以及镉基轴承合金的组元等。

# 人类使用汞的历史

据史料记载，在秦始皇墓葬之前，已经有一些王侯在墓葬中开始灌输水银，例如，齐桓公葬在今山东临淄县，其墓中倾水银为池。这就是说，我国在公元前 6 世纪或更早已经取得大量汞。

我国古代还把汞作为外科用药。1973 年长沙马王堆汉墓出土的帛书中有《五十二药方》，抄写年代在秦汉之际，是现已发掘的我国最古医方，可能处于战国时代。其中有 4 个药方就应用了水银。例如，用水银、雄黄混合，治疗疥疮等。

东西方的炼金术士们都对水银有很浓厚的兴趣。西方的炼金术士们认为水银是一切金属的共同性——金属性的化身。他们所认为的金属性是一种组成一切金属的"元素"。

我国炼丹师把丹砂，也就是硫化汞，在空气中烧得到汞，但是生成的汞容易挥发，不易搜集，而且操作人员会发生汞中毒。于是他们在实践中积累经验，改用密闭方式制汞，有的是密闭在竹筒中，有的是密闭在石榴罐中。

根据西方化学史的资料，曾在埃及古墓中发现一小管水银，据历史考证是公元前 16—前 15 世纪的产物。

# 3.11　世界上最毒的物质
## ——钋

名称：钋

元素符号：Po

密度：9.4g/cm3

性质：银白色金属，质软

　　钋熔点254℃，沸点962℃。所有钋的同位素都是放射性的。化学性质近似碲，溶于稀矿酸和稀氢氧化钾。钋的化合物易于水解并还原。化合价已有 +2 和 +4 价，也有 +6 价存在。钋是世界上最稀有的元素。

## 女人与钋

　　"钋"这种世界上最毒的物质是一个妇人发现的。

　　19 世纪末，人们发现了铀的放射性衰变特性，并且认为放射性是铀元素所特有的性质。而当时在法国工作的波兰化学家居里夫人在测试收集到的矿物放射性时，发现沥青铀矿和辉铜矿的放射性比纯粹的铀的放射性更强烈。她经过细心重复地检验实验结果，找出了这些矿物中含有一种比铀的放射性强得多的元素。居里先生注意到了妻子的研究的重要性，就决定暂时停止自己在物质结晶方面的研究，同妻子共同寻找这个新元素。经过艰苦的工作，他们从巨量的矿石中分离出了这种放射性很强的新元素并了解了这种新元素的特性与铋相近。居里夫人为了纪念自己的祖国波兰，就提议叫这种新元素为 polonium（钋）。

　　钋在沥青铀矿中的含量仅仅是一亿分之一，用一般的化学方法收集它是极其艰巨的任务。

## 无处不在的钋 –210

钋有 25 个同位素，都有放射性，钋 –210 是其中的一个核素，又称为镭 F(RaF)。

以相同重量来比较，钋 –210 的毒性是氰化物的 2.5 亿倍，因此只需一颗尘粒大小就足以取人性命（氰化物对人致死剂量是 0.1g），受害者根本无法透过感官察觉，而下毒者本身也要冒相当大的风险。

它是元素周期表中最剧毒的元素，所以稍稍一丁点儿——差不多百万分之 1g 左右就足以送人上西天。但钋 –210 却无处不在，土壤里、空气中都是。我们每个人的体内都有微量的这种物质——听起来很可怕，实际不然，因为我们体内的钋 –210 还不到致命量的百万分之一呢。

钋 –210 是一种放射性物质，释放一种被称之为阿尔法粒子射线。这种粒子无法穿过皮肤上已经死去的细胞层，但一旦通过食道或呼吸道进入人体内，它就会对人的内脏或肺细胞造成极大的破坏。尽管它不会在人体内快速流动，但它却像是辆慢速行驶的重型货车，所到之处，无坚不摧——一个阿尔法粒子可能破坏大约 5 个相互临近的细胞。可以这么说，如果一个人确实吸入了钋 –210，基本就没什么治疗方案。

# 3.12　能够毁灭世界的元素
## ——铀

名称：铀

种类：锕系元素

元素符号：U

性质：致密而有延展性的银白色放射性金属

　　铀是自然界中能够找到的最重元素。在自然界中存在三种同位素，均带有放射性，拥有非常长的半衰期（数亿年～数十亿年）。此外还有 12 种人工同位素 (铀 –226 ～铀 –240)。

## 具有放射性的神秘物质

　　铀是 1789 年由德国化学家马丁·海因里希·克拉普罗特（1743—1817）发现的。铀化合物早期用于瓷器的着色，在核裂变现象被发现后用作为核燃料。

　　铀是致密而有延展性的银白色放射性金属。铀在接近绝对零度时有超导性，有延展性。铀的化学性质活泼，能和所有的非金属作用，能与多种金属形成合金。空气中易氧化，生成一层发暗的氧化膜，能与酸作用，与 U–234、U–235、U–238 混合体存在于铀矿中。少量存在于独居石等稀土矿石中。铀最初只用做玻璃着色或陶瓷釉料，1938 年发现铀核裂变后，开始成为主要的核原料。

## 不稀有的稀有金属

　　铀在地壳中的含量不低，比汞、铋、银要多得多，但是铀却通常被人们认为是一种稀有金属，这是为什么呢？

这是因为铀是一种化学性质很活泼的物质，可以和很多物质反应，因此，在自然界中不存在游离的金属铀，它总是以化合状态存在着。而且由于提取铀的难度较大，所以它注定了要比汞这些元素发现的晚得多。尽管铀在地壳中分布广泛，但是只有沥青铀矿和钾钒铀矿两种常见的矿床。

即平均每吨地壳物质中约含 2.5g 铀，这比钨、汞、金、银等元素的含量还高。铀在各种岩石中的含量很不均匀。例如，在花岗岩中的含量就要高些，平均每吨含 3.5g 铀。1km³ 的花岗岩就会含有约一万吨铀。海水中铀的浓度相当低，每吨海水平均只含 3.3mg 铀，但由于海水总量极大，且从水中提取有其方便之处，所以目前不少国家，特别是那些缺少铀矿资源的国家，正在探索海水提铀的方法。

虽然铀元素的分布相当广，但铀矿床的分布却很有限。铀资源主要分布在美国、加拿大、南非、西南非、澳大利亚等国家和地区。据估计，已探明的工业储量到 1972 年已超过 100 万吨。中国铀矿资源也十分丰富。

**知识链接**

最简单的原子弹采用的是枪式结构。两块均小于临界质量的铀块，相隔一定的距离，不会引起爆炸，当它们合在一起时，就大于临界质量，立刻发生爆炸。但是若将它们慢慢地合在一起，那么链式反应刚开始不久，所产生的能量就足以将它们本身吹散，而使链式反应停息，原子弹的爆炸威力和核装药的利用率就很小，这与反应堆超临界事故爆炸时的情况有些相似。因此关键问题是要使它们能够极迅速地合在一起。

第二次世界大战(简称二战)后期，美国人投掷在日本广岛的"小男孩"原子弹，就是枪式结构。

处于低临界的球形钚，被放置在空心的球状炸药内。周围接上同时起爆的雷管。雷管接通起爆后，产生强大的内推压力，挤压球形钚。当钚的密度增加至超临界状况，引发起核子连锁反应，造成核爆。这就是内爆式钚弹。

1945 年 7 月 16 日新墨西哥州试爆了一枚称为"小玩意"的原子弹，采用的就是这种结构。

# 第 4 章

# 与生命有关的有机物

有机物是指与机体有关的化合物（少数与机体有关的化合物是无机化合物，如水），通常指含碳元素的化合物，但一些简单的含碳化合物，如一氧化碳、二氧化碳、碳酸盐、金属碳化物、氰化物、碳酸、硫氰化物等除外，其中心碳原子是以氢键结合。除含碳元素外，绝大多数有机化合物分子中含有氢元素，有些还含氧、氮、卤素、硫和磷等元素。已知的有机化合物近8000 万种。

# 4.1  工业 "真正的粮食"
## ——煤

　　煤主要由碳、氢、氧、氮、硫和磷等元素组成，碳、氢、氧三者总和占有机质的 95% 以上，是非常重要的能源，也是冶金、化学工业的重要原料。

## 煤的主要成分

　　煤的组成以有机质为主体，构成有机高分子的主要是碳、氢、氧、氮等元素。煤中存在的元素有数 10 种之多，但通常所指的煤的元素组成主要是 5 种元素，即碳、氢、氧、氮和硫。

　　煤中有机质是复杂的高分子有机化合物，主要由碳、氢、氧、氮、硫和磷等元

▼煤块

素组成，而碳、氢、氧三者总和占有机质的 95% 以上；煤中的无机质也含有少量的碳、氢、氧、硫等元素。煤的主要成分如下：

一、煤中的碳。一般认为，煤是由带脂肪侧链的大芳环和稠环所组成的。这些稠环的骨架是由碳元素构成的。因此，碳元素是组成煤的有机高分子的最主要元素。

二、煤中的氢。氢是煤中第二个重要的组成元素。除有机氢外，在煤的矿物质中也含有少量的无机氢。它主要存在于矿物质的结晶水中。

三、煤中的氧。氧是煤中第三个重要的组成元素。它以有机和无机两种状态存在。有机氧主要存在于含氧官能团，如羧基 (—COOH)，羟基 (—OH) 和甲氧基（—$OCH_3$）等中；无机氧主要存在于煤中水分、硅酸盐、碳酸盐、硫酸盐和氧化物中等。

四、煤中的氮。煤中的氮含量比较少，一般为 0.5% ~ 3.0%。氮是煤中唯一的完全以有机状态存在的元素。

五、煤中的硫。煤中的硫分是有害杂质，它能使钢铁热脆、设备腐蚀、燃烧时生成的二氧化硫 ($SO_2$) 污染大气，危害动植物生长及人类健康。所以，硫分含量是评价煤质的重要指标之一。

## 煤的形成

煤为不可再生的资源。煤是古代植物埋藏在地下经历了复杂的化学变化逐渐形成的固体可燃性矿产，一种固体可燃有机岩，主要由植物遗体经生物化学作用，埋藏后再经地质作用转变而成，俗称煤炭。

煤的形成过程是这样的：

在地表常温、常压下，由堆积在停滞水体中的植物遗体经泥炭化作用或腐泥化作用，转变成泥炭或腐泥；泥炭或腐泥被埋藏后，由于盆地基底下降而沉至地下深部，经成岩作用而转变成褐煤；当温度和压力逐渐增高，再经变质作用转变成烟煤至无烟煤。

泥炭化作用是指高等植物遗体在沼泽中堆积经生物化学变化转变成泥炭的过程。腐泥化作用是指低等生物遗体在沼泽中经生物化学变化转变成腐泥的过程。腐泥是一种富含水和沥青质的淤泥状物质。冰川过程可能有助于成煤植物遗体汇集和保存。

▲ 海上钻井

# 4.2　工业的血液
## ——石油

石油又称原油，是从地下深处开采的棕黑色可燃黏稠液体。主要是各种烷烃、环烷烃、芳香烃的混合物。

## 世界是从哪里"输血"的

石油是古代海洋或湖泊中的生物经过漫长的演化形成的混合物，与煤一样属于化石燃料。石油主要被用来生产燃油和汽油，燃油和汽油组成目前世界上最重要的能源之一。石油也是许多化学工业产品如溶液、化肥、杀虫剂和塑料等的原料。

如今开采的石油 88% 被用作燃料，其他的 12% 作为化工业的原料。由于石油是一种不可再生原料，许多人担心石油用尽会给人类带来不可想象后果。在中东地区—波斯湾一带有丰富的储藏，而在俄罗斯、美国、中国、南美洲等地也有很大量的储藏。

一、中东波斯湾沿岸。中东海湾地区地处欧、亚、非三洲的枢纽位置，原油资源非常丰富，被誉为"世界油库"。在世界原油储量排名的前十位中，中东国家占了五位，依次是沙特阿拉伯、伊朗、伊拉克、科威特和阿联酋。

二、北美洲。北美洲原油储量最丰富的国家是加拿大、美国和墨西哥。加拿大原油探明储量为 245.5 亿吨，居世界第二位。

三、欧洲及欧亚大陆。欧洲及欧亚大陆原油探明储量为 157.1 亿吨，约占世界总储量的 8%。其中，俄罗斯原油探明储量为 82.2 亿吨，居世界第八位，但俄罗斯是世界第一大产油国，2006 年的石油产量为 4.7 亿吨。

四、非洲。非洲是近几年原油储量和石油产量增长最快的地区，被誉为"第二个海湾地区"。

五、中南美洲。中南美洲是世界重要的石油生产和出口地区之一，也是世界原油储量和石油产量增长较快的地区之一，委内瑞拉、巴西和厄瓜多尔是该地区原油储量最丰富的国家。

六、亚太地区。亚太地区原油探明储量约为 45.7 亿吨，也是目前世界石油产量增长较快的地区之一。中国、印度、印度尼西亚和马来西亚是该地区原油探明储量最丰富的国家。

## 石油的化学成分

石油的化学组成是没有一定的，随产地不同而异。根据含烃的成分不同一般将石油分为烷烃基石油、环烷基石油、混合基石油和芳烃基石油等几大类。但许多产油国家常根据本国的资源情况而有不同的分类。

石油中碳氢两种元素所组成的化合物，成分很复杂，并且随产地不同而异。按其结构又分为烷烃（包括直链和支链烷烃）、环烷烃（多数是烷基环戊烷、烷基环己烷）和芳香烃（多数是烷基苯），一般石油中不含有烯烃。汽油是从里面提取出来的，不同深度的石油优劣不同，一般第一层是飞机油，第二层是我们常见的汽车油，然后是柴油，最后是残渣，目前还没有可以完全代替石油的东西，虽然有天然气、氢气等。比如氢气，制取难度比较大，而且比较昂贵，目前还没有什么好方法来让氢气变便宜。

知识
链接

　　石油——海上钻油，最早钻油的是中国人，最早的油井是4世纪或者更早出现的。中国人使用固定在竹竿一端的钻头钻井，其深度可达约1000m，通过焚烧石油来蒸发盐卤制食盐。10世纪时制盐工人使用竹竿做的管道来连接油井和盐井。

　　古代波斯的石板纪录似乎说明波斯上层社会使用石油作为药物和照明。最早提出"石油"一词的是公元977年中国北宋编著的《太平广记》。正式命名为石油是根据中国北宋杰出的科学家沈括（1031—1095）在所著《梦溪笔谈》中根据这种油"生于水际沙石，与泉水相杂，惘惘而出"而命名的。

　　8世纪新建的巴格达的街道上铺有从当地附近的自然露天油矿获得的沥青。9世纪阿塞拜疆巴库的油田用来生产轻石油。10世纪地理学家阿布·哈桑·阿里·麦斯欧迪和13世纪马可·波罗曾描述过巴库的油田。

# 4.3　化工之母
## ——苯

名称：苯

种类：芳香烃

性质：无色、有甜味、透明液体、具有强烈的芳香气味、可燃，有毒

苯有机化合物，是组成结构最简单的芳香烃，是厉害的致癌物。在常温下为一种无色、有甜味的透明液体，并具有强烈的芳香气味。

## 苯的性质

苯为第一类致癌物。

苯难溶于水，易溶于有机溶剂，本身也可作为有机溶剂。其碳与碳之间的化学键介于单键与双键之间，因此同时具有饱和烃取代反应的性质和不饱和烃加成反应的性质。苯的性质是易取代，难氧化，难加成。苯是一种石油化工基本原料。苯的产量和生产的技术水平是一个国家石油化工发展水平的标志之一。苯具有的环系叫苯环，是最简单的芳环。苯分子去掉一个氢以后的结构叫苯基。

## 苯的制取

苯最早是在 19 世纪初研究将煤气作为照明用气时合成出来的。

一般认为苯是在 1825 年由英国物理学迈克尔·法拉第（1791—1867）发现的。

他从鱼油等类似物质的热裂解产品中分离出了较高纯度的苯，称之为"氢的重碳化物"。并且测定了苯的一些物理性质和它的化学组成，阐述了苯分子的碳氢比。

弗里德里希·凯库勒于1865年提出了苯环单、双键交替排列、无限共轭的结构，即现在所谓"凯库勒式"。

据称他是因为梦到一条蛇咬住了自己的尾巴才受到启发想出"凯库勒式"的。他又对这一结构做出解释说，环中双键位置不是固定的，可以迅速移动，所以造成6个碳等价。他通过对苯的一氯代物、二氯代物种类的研究，发现苯是环形结构，每个碳连接一个氢。

1845年德国化学家霍夫曼（1870—1956）从煤焦油的轻馏分中发现了苯，他的学生曼斯菲尔德随后进行了加工提纯，后来他又发明了结晶法精制苯。他还进行了工业应用的研究，开创了苯的加工利用途径。

大约从1865年起开始了苯的工业生产。最初是从煤焦油中回收。随着它的用途的扩大，产量不断上升，到1930年已经成为世界十大吨位产品之一。

# 4.4 神奇的电石气
## ——乙炔

名称：乙炔
种类：炔烃化合物
性质：无色无味的易燃、有毒

乙炔是最简单的炔烃，又称电石气。纯乙炔在空气中燃烧 2100℃左右，在氧气中燃烧可达 3600℃。

## 乙炔的性质

德国著名化学家弗里德里希·维勒 1842 年制备了碳化钙，也就是电石，并证明它与水作用，放出乙炔。

纯乙炔为无色无味的易燃、有毒气体。而电石制的乙炔因混有硫化氢、磷化氢、砷化氢，而带有特殊的臭味。化学性质很活泼，能起加成、氧化、聚合及金属取代等反应。乙炔在液态和固态下或在气态有猛烈爆炸的危险，受热、震动、电火花等因素都可以引发爆炸，因此不能在加压液化后贮存或运输。微溶于水，易溶于乙醇、苯、丙酮等有机溶剂。在工业上是在装满石棉等多孔物质的钢瓶中，使多孔物质吸收丙酮后将乙炔压入，以便贮存和运输。

## 乙炔的作用

乙炔可用以照明、焊接及切断金属（氧炔焰），也是制造乙醛、醋酸、苯、合成橡胶、合成纤维等的基本原料。

乙炔燃烧时能产生高温，氧炔焰的温度可以达到 3200℃左右，用于切割和焊接金属。供给适量空气，可以安全燃烧发出亮白光，在电灯未普及或没有电力的地方可以用做照明光源。在 20 世纪 60 年代前，乙炔是有机合成的最重要原料，现仍为重要原料之一。如与氯化氢、氢氰酸、乙酸加成，均可生成生产高聚物的原料。

乙炔在不同条件下，能发生不同的聚合作用，分别生成乙烯基乙炔或二乙烯基乙炔，前者与氯化氢加成可以得到制氯丁橡胶的原料。乙炔在 400 ~ 500℃高温下，可以发生环状三聚合生成苯；以氰化镍为催化剂，可以生成环辛四烯。

乙炔具有弱酸性，将其通入硝酸银或氯化亚铜氨水溶液，立即生成白色乙炔银和红棕色乙炔亚铜沉淀，可用于乙炔的定性鉴定。这两种金属炔化物干燥时，受热或受到撞击容易发生爆炸。

# 4.5 真正的蒙汗药
## ——乙醚

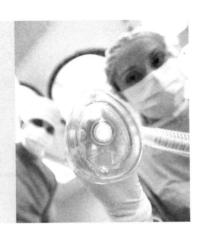

名称：乙醚

种类：醚

性质：无色液体，极易挥发，气味特殊，极易燃

乙醚是醚的一种，古老的合成有机化合物之一。无色液体，极易挥发，气味特殊；极易燃，纯度较高的乙醚不可长时间敞口存放，否则其蒸气可能引来远处的明火进而起火。

## 神奇的麻醉剂乙醚

乙醚主要用作油类、染料、生物碱、脂肪、天然树脂、合成树脂、硝化纤维、碳氢化合物、亚麻油、石油树脂，松香脂、香料、非硫化橡胶等的优良溶剂。医药工业用作药物生产的萃取剂和医疗上的麻醉剂。毛纺、棉纺工业用作油污洁净剂。火药工业用于制造无烟火药。

乙醚作为一种非常重要的麻醉剂，对神经有兴奋作用，亦具有麻醉止痛作用，至今仍是外科医生的好帮手。

## 乙醚用作麻醉剂引起的风波

美国牙科医生维尔斯用笑气（一氧化二氮）$N_2O$ 做麻醉剂，成功地给不少患者做了拔牙手术。可是，1844年的一天，维尔斯在美国波士顿城做拔牙公开表演时，由于笑气用量不足，手术没有成功，病人痛得大声呼叫，人们把维尔斯当作骗子，将他赶出了医院。

维尔斯有个学生叫作莫顿。一个偶然的机会，莫顿听到化学教授杰克逊说，有一次在做化学实验时，他不慎吸入一大口氯气，为了解毒，他立即又吸了一口乙醚。不料，开始他感到浑身轻松，可不一会便失去了知觉。听了杰克逊的叙说，勤于思索的莫顿深感兴趣。他大胆设想，能否用乙醚来作为一种理想的麻醉剂呢？于是，他便动手在动物身上实验，以后又在自己身上实验，结果证明乙醚的确是一种理想的麻醉剂。

1846年10月的一天，世界上第一次使用乙醚进行麻醉外科手术的公开演示成功了。从此，还是医学院二年级学生的莫顿出名了。乙醚麻醉剂亦逐渐成为全世界各家医院手术室里不可缺少的药品。

乙醚麻醉剂的发明是医学外科史上的一项重大成果。然而，当莫顿以乙醚麻醉剂发明者的身份向美国政府申请专利时，他的老师维尔斯和曾经启发他发明的化学教授杰克逊都起来与莫顿争夺专利权。后来，这场官司打到法院，但多年一直毫无结果，他们为此都被搞得狼狈不堪。最后，杰克逊为此得了精神病，维尔斯自杀身亡，莫顿则患脑出血而死去。

乙醚麻醉剂的发明造福于人类。可是，因发明减轻人们痛苦的3位科学家却因名利的争夺而在科学史上演出了一场令人遗憾的悲剧。

# 4.6　最强悍的化肥
## ——尿素

名称：尿素

种类：氮肥

性质：无色或白色针状或棒状结晶体，无臭无味

尿素是一种由碳、氧、氮和氢组成的有机物。外观是无色或白色针状或棒状结晶体，工业或农业品，为白色略带微红色固体颗粒，无臭无味。

## 尿素的人工合成

1773 年，伊莱尔·罗埃尔发现尿素。1828 年，德国化学家弗里德里希·维勒首次使用无机物质氰酸氨与硫酸铵人工合成了尿素。

维勒自 1824 年起研究氰酸铵的合成，但是他发现在氰酸中加入氨水后蒸干得到的白色晶体并不是铵盐，到了 1828 年他终于证明出这个实验的产物是尿素。本来他打算合成氰酸铵，却得到了尿素。

维勒由于偶然地发现了从无机物合成有机物的方法，而被认为是有机化学研究的先锋，揭开了人工合成有机物的序幕。在此之前，人们普遍认为：有机物只能依靠一种生命力在动物或植物体内产生；人工只能合成无机物而不能合成有机物。维勒的老师贝齐里乌斯当时也支持生命力学说，他写信给维勒问他能不能在实验室里"制造出一个小孩来"。

# 最佳肥料——尿素

尿素是一种高浓度氮肥，属中性速效肥料，也可用于生产多种复合肥料。在土壤中不残留任何有害物质，长期施用没有不良影响，畜牧业可用作反刍动物的饲料。但在造粒中温度过高会产生少量缩二脲，又称双缩脲，对作物有抑制作用。

尿素适用于作基肥和追肥，有时也用作种肥。尿素在转化前是分子态的，不能被土壤吸附，应防止随水流失；转化后形成的氨也易挥发，所以尿素也要深施覆土。

尿素适用于一切作物和所有土壤，旱水田均能施用。由于尿素在土壤中转化可积累大量的铵离子，会导致 pH 升高 2～3 个单位，再加上尿素本身含有一定数量的缩二脲，其浓度在 500ppm（百万分率，$10^{-6}$）时，便会对作物幼根和幼芽起抑制作用，这也是尿素不适合做种肥的原因。

尿素（氮肥）能促进细胞的分裂和生长，使枝叶长得繁茂。

**扩展阅读**

生物以二氧化碳、水、天冬氨酸和氨等化学物质合成尿素。促使尿素合成的代谢途径，叫作尿素循环。这个过程耗费能量，但是很有必要。因为氨有毒，而且是常见的新陈代谢产物，必须被消除。

哺乳动物以肝脏中的一个循环反应产生尿素。尿素在肝脏产生后融入血液（人体内的浓度在每升 2.5～7.5μmol（微摩尔）之间），最后通过肾脏由尿排出。少量尿素由汗排出。

含氮废物具有毒性，产生自蛋白质和氨基酸的分解代谢过程。大多数生物必须再处理，海生生物通常直接以氨的形式排入海水；陆地生物则转化氨为尿素或尿酸再排出；鸟和爬行动物通常排泄尿酸，其他动物则是尿素。

# 4.7　既能吃又能炸

## ——甘油

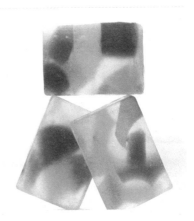

名称：甘油（丙三醇）

种类：三羟基醇

性质：无色黏稠液体，具有甜味

　　甘油，1779 年由斯柴尔首先发现，1823 年人们认识到油脂成分中含有一种有机物，有甜味，因此命名为甘油。第一次世界大战期间，因甘油可以用来制造火药，因此产量大增。

## 甘油的性质

　　甘油是最简单的三羟基醇。在自然界中甘油主要以甘油酯的形式广泛存在于动植物体内，在棕榈油和其他极少数油脂中含有少量甘油。甘油的熔点 20℃，沸点 290℃（分解）。纯甘油可形成结晶固体，冷至 –15 ~ –55℃时最易结晶，吸水性很强，可与水混溶，并可溶于丙酮、三氯乙烯及乙醚醇混合液。甘油氧化时生成甘油醛、甘油酸，还原时生成丙二醇。

## 甘油的作用

　　甘油于 10℃左右与硫酸、硝酸混合酸反应，生成甘油三硝酸酯，俗称硝酸甘油，这个化合物经轻微碰撞即分解成大量的气体、水蒸气和二氧化碳，发生爆炸。

　　硝酸甘油还常用作强心剂和抗心绞痛药。脂肪酰氯或酸酐可酯化甘油。甘油与过氧化氢、过氧酸、亚铁盐、稀硝酸等反应，生成甘油醛、二羟基丙酮；与浓硝酸作用生成甘油酸。

甘油也可被四乙酸铅或高碘酸氧化。甘油与硫酸钾或浓硫酸加热发生分子内失水，生成丙烯醛。甘油是肥皂工业的副产物，也可用特种酵母发酵糖蜜制得。也可以丙烯为原料合成甘油。

甘油大量用作化工原料，用于制造合成树脂、塑料、油漆、硝酸甘油、油脂和蜂蜡等，还用于制药、香料、化妆品、卫生用品及国防等工业中。

**扩展阅读**

甘油是甘油三酸酯分子的骨架成分。当人体摄入食用脂肪时其中的甘油三酸酯经过体内代谢分解，形成甘油并储存在脂肪细胞中。

在野外，甘油不仅可以作为供能物质，满足人体需要。还可以作为引火剂，方法为：在可燃物下堆上 5 ~ 10g 的高锰酸钾固体，再将甘油倒在高锰酸钾上，约半分钟就有火苗冒出。因为甘油黏稠，所以可以事先用无水乙醇等易燃有机溶剂稀释，但溶剂不宜过多。

# 4.8 让人着迷的饮料
## ——乙醇

名称：乙醇
性质：无色透明液体。有刺激性气味和灼烧味，易挥发

工业上乙醇主要来自石油（乙烯水化法），也常用含糖的物质发酵来生产乙醇（主要是酿酒）。

## 不翼而飞的酒

有个酒鬼在自己配酒的时候，发现酒少了许多，可屋里就他一个人，中间也没有人进来过，他自己也没有喝，难道是酒长了翅膀飞走了吗？原来在稀释配制的过程中，酒精悄悄地蒸发了。酒精稀释时会产生热量，一部分酒精就变成蒸气不知不觉地"溜"到空气中了，人的肉眼是看不出来的。乙醇是"酒"的主要成分，而不是酒精的主要成分。

## 乙醇的功用

乙醇被广泛用于医用消毒。一般使用 95% 的酒精用于器械消毒；70% ~ 75% 的酒精用于杀菌，例如，75% 的酒精在常温（25℃）下 1min 内可以杀死大肠杆菌、金黄色葡萄球菌、白色念珠菌、铜绿假单胞菌等；更低浓度的酒精用于降低体温，促进局部血液循环等。

　　乙醇还可以用于食用，如酒。因为它能作为良好的有机溶剂，所以中医用它来送服中药，以溶解中药中大部分有机成分。 酒精在中药使用上的作用：一是酒精可以助药力，古人谓"酒为诸药之长"，酒精可以使药力外达于表而上至于巅，使理气行血药物的作用得到较好的发挥，也能使滋补药物补而不滞；二是酒精有助于药物有效成分的析出，中药的多种成分都易于溶解酒精之中；三是具有防腐作用。

扩展阅读

　　乙醇是中枢神经系统抑制剂。饮用后首先引起兴奋，随后抑制。急性中毒：急性中毒多发生于口服。一般可分为兴奋、催眠、麻醉、窒息4个阶段。患者进入第3或第4阶段，出现意识丧失、瞳孔扩大、呼吸不规律、休克、心力循环衰竭及呼吸停止。慢性影响：在生产中长期接触高浓度本品可引起鼻、眼、黏膜刺激症状，以及头痛、头晕、疲乏、易激动、震颤、恶心等。长期酗酒可引起多发性神经病、慢性胃炎、脂肪肝、肝硬化、心肌损害及器质性精神病等。皮肤长期接触可引起干燥、脱屑、皲裂和皮炎。乙醇具有成瘾性及致癌性，但乙醇并不是直接导致癌症的物质，而是致癌物质普遍溶于乙醇。

# 4.9  合成纤维的鼻祖
## ——尼龙

名称：尼龙（英语 Nylon）

种类：合成纤维

性质：人造的多聚物

尼龙是一种人造的多聚物。1935 年 2 月 28 日杜邦公司的华莱士·卡罗瑟斯在美国威尔明顿发明了这种塑料。在现代，尼龙纤维是多种人造纤维的原材料。

## 尼龙的诞生

人们对尼龙并不陌生，在日常生活中尼龙制品比比皆是，但是知道它历史的人就很少了，尼龙是世界上首先研制出的一种合成纤维。

20 世纪初，企业界搞基础科学研究还被认为是一种不可思议的事情。1926 年美国最大的工业公司——杜邦公司出于对基础科学的兴趣，建议该公司开展有关发现新的科学事实的基础研究。1927 年该公司决定每年支付 25 万美元作为研究费用，并开始聘请化学研究人员，到 1928 年杜邦公司成立了基础化学研究所，年仅 32 岁的卡罗瑟斯博士受聘担任该所有机化学部的负责人。

卡罗瑟斯，美国有机化学家。1896 年 4 月 27 日出生于美国爱荷华州伯灵顿。1937 年 4 月 29 日卒于美国费城。1924 年获伊利诺伊大学博士学位后，先后在该大学和哈佛大学担任有机化学的教学和研究工作。他主持了一系列用聚合方法获得高分子量物质的研究。1935 年制造出一种纤维，这种纤维即聚酰胺 66 纤维，1939 年实现工业化后定名为尼龙（Nylon），是最早实现工业化的合成纤维品种。

## 尼龙的发展

尼龙的合成奠定了合成纤维工业的基础，尼龙的出现使纺织品的面貌焕然一新。用这种纤维织成的尼龙丝袜既透明又比丝袜耐穿，1939年10月24日杜邦公司在总部所在地公开销售尼龙丝长袜时引起轰动，被视为珍奇之物争相抢购，人们曾用"像蛛丝一样细，像钢丝一样强，像绢丝一样美"的词句来赞誉这种纤维，到1940年5月，尼龙纤维织品的销售遍及美国各地。

由于尼龙的特性和广泛的用途，从第二次世界大战爆发直到1945年，尼龙工业被转向制降落伞、飞机轮胎帘子布、军服等军工产品。

第二次世界大战期间盟军使用尼龙做的降落伞（此前一般用亚洲丝绸制作），此外轮胎、帐篷、绳索等其他军事物资也用尼龙制造。它甚至被用来制造印刷美国货币的纸。战争开始时棉花占纤维原料的80%，其他20%主要是木头纤维。1945年8月时，棉花地占据量降低到75%，而人造纤维的比例上升到了25%。

第二次世界大战后发展非常迅速，尼龙的各种产品从丝袜、衣着到地毯，渔网等，以难以计数的方式出现，是三大合成纤维之一。

# 第 5 章

# 魔法般神奇的化学反应

化学反应，并不仅仅是存在于化学实验室里，在我们的生活中，处处都有它的身影出没。它与人类的关系之深、之密切，远远超出人们的想象之外。可以这么说，人是化学反应的产物。

# 5.1 电解的辉煌成就

电解是指将直流电通过电解质溶液或熔体，使电解质在电极上发生化学反应，以制备所需产品的反应过程。

## 戴维与电解

说起电解，不能不说英国化学家戴维。1799 年意大利物理学家伏打（1745—1827）发明了将化学能转化为电能的电池，使人类第一次获得了可供实用的持续电流。1800 年英国的尼科尔逊和卡里斯尔采用伏打电池电解水获得成功，使人们认识到可以将电用于化学研究。许多科学家纷纷用电做各种实验，而同为化学家的戴维就想，电既然能分解水，那么对于盐溶液、固体化合物会产生什么作用呢？于是他开始研究各种物质的电解作用。首先他很快地熟悉了伏打电池的构造和性能，并组装了一个特别大的电池用于实验。他选择了木灰（即苛性钾）作第一个研究对象并发现一种新的元素。因为它是从木灰中提取的，故命名为钾。

对木灰电解成功，使戴维对电解这种方法更有信心，紧接着他采用同样方法电解了苏打，获得了另一种新的金属元素。这元素来自苏打（碳酸钠），故命名为钠。

接着他又得到了银白色的金属钙。紧接着又制取了金属镁、锶和钡。

戴维依靠电解，成为发现化学元素最多的科学家。

## 电解的成就

1807 年，英国科学家戴维将熔融苛性碱进行电解制取钾、钠，从而为获得高纯度物质开拓了新的领域。

1833 年，英国物理学家法拉第提（1791—1867）出了电化学当量定律（即法拉第第一、

▲英国著名化学家汉弗莱·戴维

第二定律）。

1886 年，美国工业化学家 C.M. 霍尔（1863—1914）电解制铝成功。

1890 年，第一个电解氯化钾制取氯气的工厂在德国投产。

1893 年，开始使用隔膜电解法，用食盐溶液制烧碱。

1897 年，水银电解法制烧碱实现工业化。

至此，电解法成为化学工业和冶金工业中的一种重要生产方法。

1937 年，阿特拉斯化学工业公司实现了用电解法由葡萄糖生产山梨醇及甘露糖醇的工业化，这是第一个大规模用电解法生产有机化学品的过程。

1969 年又开发了由丙烯腈电解二聚生产己二腈的工艺。

**扩展阅读**

电解广泛应用于冶金工业中，如从矿石或化合物提取金属或提纯金属，以及从溶液中沉积出金属。

金属钠和氯气是由电解熔融氯化钠生成的；电解氯化钠的水溶液则产生氢氧化钠和氯气。

电解水产生氢气和氧气。水的电解就是在外电场作用下将水分解为氢和氧。

电解是一种非常强有力的促进氧化还原反应的手段，许多很难进行的氧化还原反应，都可以通过电解来实现。

例如：可将熔融的氟化物在阳极上氧化成单质氟，熔融的锂盐在阴极上还原成金属锂。电解工业在国民经济中具有重要作用，许多有色金属（如钠、钾、镁、铝等）和稀有金属（如锆、铪等）的冶炼及金属（如铜、锌、铅等）的精炼，基本化工产品（如氢、氧、烧碱、氯酸钾、过氧化氢、乙二腈等）的制备，还有电镀、电抛光、阳极氧化等，都是通过电解实现的。

▲ 火焰

# 5.2　火是人类文明之始

人类对火的认识、使用和掌握，是人类认识自然，并利用自然来改善生产和生活的第一次实践。火的应用，在人类文明发展史上有极其重要的意义。

## 火

火是原始人狩猎的重要手段之一。用火驱赶、围歼野兽，行之有效，提高了狩猎生产能力。焚草为肥，促进野草生长，自然为后起的游牧部落所继承。最初的农业耕作方式——刀耕火种，就是依靠火来进行的。至于原始的手工业，更是离不开火的作用。弓箭、木矛都要经过火烤矫正器身。以后的制陶、冶炼等，没有火是无法完成的。

## 燃烧

物质燃烧过程的发生和发展，必须具备以下三个必要条件，即可燃物、氧化剂和温度。只有这三个条件同时具备，才可能发生燃烧现象，无论缺少哪一个条件，燃烧都不能发生。但是，并不是上述三个条件同时存在，就一定会发生燃烧现象，还必须这三个因素相互作用才能发生燃烧。

燃烧的广义定义：燃烧是指任何发光发热的剧烈的反应，不一定要有氧气参加，比如金属钠（Na）和氯气（Cl₂）反应生成氯化钠（NaCl），该反应没有氧气参加，但是是剧烈的发光发热的化学反应，同样属于燃烧范畴。同时也不一定是化学反应，比如核燃料燃烧。

# 火焰

火焰中心到火焰外焰边界的范围内是气态可燃物或者是汽化了的可燃物，它们正在和助燃物发生剧烈或比较剧烈的氧化反应。

在气态分子结合的过程中释放出不同频率的能量波，因而在介质中发出不同颜色的光。例如，在空气中刚刚点燃的火柴，其火焰内部就是火柴头上的氯酸钾分解放出的硫，在高温下离解成为气态硫分子，与空气中的氧气分子剧烈反应而放出光。外焰反应剧烈，故温度高。

火是物质分子分裂后重组到低能分子中分离、碰撞、结合时释放的能量。火内粒子是高速运动的——高温高压就是这个目的。

火焰内部其实就是不停被激发而游动的气态分子。它们正在寻找"伙伴"进行反应并放出光和能量，而所放出的光，让我们看到了火焰。

# 5.3　人体内的化学反应

　　人的体内无时无刻不在进行着复杂的化学反应，你所做每一个动作，你进行每一个思考，都是化学反应在推动，而人体内的这些反应，酶是主角。酶是一种生物催化剂。生物体内含有千百种酶，它们支配着生物的新陈代谢、营养和能量转换等许多催化过程，与生命过程关系密切的反应大多是酶催化反应。

## 酶的重要性

　　哺乳动物的细胞就含有几千种酶。它们或是溶解于细胞质中，或是与各种膜结构结合在一起，或是位于细胞内其他结构的特定位置上。这些酶统称胞内酶；另外，还有一些在细胞内合成后再分泌至细胞外的酶——胞外酶。

　　酶催化化学反应的能力叫酶活力（或称酶活性）。酶活力可受多种因素的调节控制，从而使生物体能适应外界条件的变化，维持生命活动。

　　没有酶的参与，新陈代谢只能以极其缓慢的速度进行，生命活动就根本无法维持。

## 酶的作用

　　生物体（包括人）内每时每刻都在进行着大量的生物化学反应，如摄入的食物包含有蛋白质、脂肪、碳水化合物等，这些物质本身并不能为人体所利用。

　　蛋白质必须被蛋白酶分解成氨基酸才能透过肠黏膜吸收入血，通过血液运送到全身各个组织细胞，被细胞利用；脂肪必须由脂肪酶分解成甘油和脂肪酸才能被吸收入血液，被组织细胞利用；碳水化合物必须被淀粉酶分成小分子的葡萄糖才能被吸收入血

◀人的每一个举动都是化学反应的结果

液，然后运输到各组织器官，并进入细胞内，再在各种酶的作用下，被燃烧产生能量，放出水和 $CO_2$。在人体内只要生命在持续，各种生物化学反应一刻也不能停息。成千上万种的生物化学反应的过程中必须有酶进行催化促进，否则这种生物反应就无法进行。

生物体内的酶促反应就是生命存在的一种内在本质。所以测定人体内各种酶的浓度和酶的活力来反映机体生化反应机能是否正常，常见的测定转氨酶反映肝脏、心脏的功能状态，测碱性磷酸酶反映心肌功能状态，测定乙酰胆碱酯酶反映神经功能。

知识
链接

维生素是个庞大的家族，目前所知的维生素就有几十种，大致可分为脂溶性和水溶性两大类。

有些物质在化学结构上类似于某种维生素，经过简单的代谢反应即可转变成维生素，此类物质称为维生素原，例如，β－胡萝卜素能转变为维生素 A；7－脱氢胆固醇可转变为维生素 $D_3$；但要经许多复杂代谢反应才能成为尼克酸的色氨酸则不能称为维生素原。水溶性维生素不需消化，直接从肠道吸收后，通过循环到机体需要的组织中，多余的部分大多由尿排出，在体内储存甚少。

脂溶性维生素溶解于油脂，经胆汁乳化，在小肠吸收，由淋巴循环系统进入到体内各器官。体内可储存大量脂溶性维生素。维生素 A 和 D 主要储存于肝脏，维生素 E 主要存于体内脂肪组织，维生素 K 储存较少。水溶性维生素易溶于水而不易溶于非极性（整个分子看，分子里电荷分布是对称的（正负电荷中心能重合）的分子。）有机溶剂，吸收后体内贮存很少，过量的多从尿中排出；脂溶性维生素易溶于非极性有机溶剂，而不易溶于水，可随脂肪为人体吸收并在体内蓄积，排泄率不高。

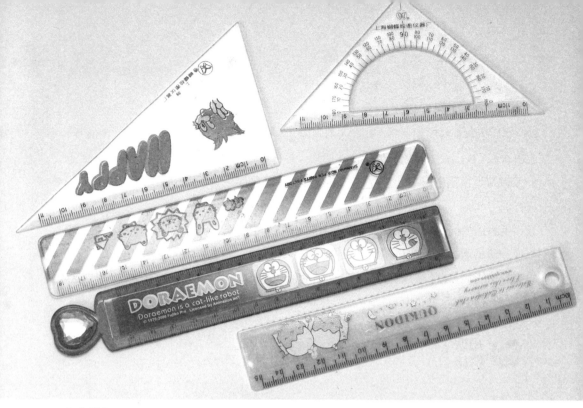

▲ 塑料文具

# 5.4 让人又爱又恨的塑料

塑料是由高聚物（即通常所说的树脂）与各种添加剂混合而成的化合物，添加剂主要有填料、增塑剂、稳定剂、润滑剂以及色料等。

## 塑料的成分

塑料的主要成分是合成树脂。最初的树脂是指由动植物分泌出的脂质，如松香、虫胶等，现代的树脂是指还没有和各种添加剂混合的高聚物。

树脂约占塑料总重量的40% ~ 100%。塑料的基本性质主要决定于树脂的性质，但添加剂也起着很重要的作用。

有些塑料基本上是由合成树脂所组成，不含或少含添加剂，如有机玻璃、聚苯乙烯等。

# 塑料诞生的历史

第一种完全合成的塑料出自美籍比利时人列奥·亨德里克·贝克兰（1863—1944），1907 年 7 月 14 日，他注册了酚醛塑料的专利。

贝克兰是鞋匠和女仆的儿子，1863 年生于比利时根特。1884 年，21 岁的贝克兰获得根特大学博士学位，24 岁时就成为比利时布鲁日高等师范学院的物理和化学教授。1889 年，刚刚娶了大学导师的女儿，贝克兰又获得一笔旅行奖学金，到美国从事化学研究。

在哥伦比亚大学的查尔斯·钱德勒教授鼓励下，贝克兰留在美国，为纽约一家摄影供应商工作。这期间他发明了一种照相纸，并申请了专利权。这个专利以 85 万美元卖给了柯达公司。

贝克兰将一个谷仓改成设备齐全的私人实验室，还与人合作在布鲁克林建起实验工厂。当时刚刚萌芽的电力工业蕴藏着绝缘材料的巨大市场，贝克兰的目光对准了天然的绝缘材料虫胶（紫胶虫吸取寄主树树液后分泌出的紫色天然树脂）。

贝克兰研究得到了一种糊状的黏性物，模压后成为半透明的硬塑料——酚醛塑料。

酚醛塑料是世界第一种完全合成的塑料。1909 年 2 月 8 日，贝克兰在美国化学协会纽约分会的一次会议上公开了这种塑料。

酚醛塑料绝缘、稳定、耐热、耐腐蚀、不可燃，贝克兰自称为"千用材料"。

# 五大通用塑料

### 一、聚乙烯塑料

聚乙烯塑料目前是世界上最大的通用塑料树脂产品。

低密度聚乙烯的用途非常广泛，用挤出吹塑法可以生产薄膜、中空容器，用挤出法可以生产管材，用注射法可以生产各种日用品，如奶瓶、皂盒、玩具、杯子、塑料花等。

中密度聚乙烯主要用于制作各种瓶类制品、中空制品、电缆用制品以及高速自动包装用薄膜。

高密度聚乙烯塑料强度高、耐磨性好，所以主要用于制造绳索、打包带等，还可制作盒、桶、保温瓶壳等。

## 二、聚丙烯塑料

聚丙烯塑料主要用于薄膜、管材、瓶类制品等。由于受热软化点较高，可用于制作餐具，如碗、盆、口杯等；医疗器械的杀菌容器；日用品如水桶、热水瓶壳等；还可制作文具盒、仪器盒等；也可制作电器绝缘材料及代替木材的低发泡板材等。它还适于制作各种绳索和包装绳。

## 三、聚苯乙烯塑料

聚苯乙烯塑料广泛应用于光学仪器、化工部门及日用品方面，用来制作茶盘、糖缸、皂盒、烟盒、学生尺、梳子等。由于具有一定的透气性，当制成薄膜制品时，又可做良好的食品包装材料。

## 四、聚氯乙烯塑料

聚氯乙烯，根据加入增塑剂量的多少分为硬质聚氯乙烯和软质聚氯乙烯。

软质聚氯乙烯可制成较好的农用薄膜，常用来制作雨衣、台布、窗帘、票夹、手提袋等。还被广泛用于制造塑料鞋及人造革。

硬质聚氯乙烯能制成透明、半透明及各种颜色的珠光制品。常用来制作皂盒、梳子、洗衣板、文具盒、各种管材等。

## 五、ABS

ABS 树脂是丙烯腈—丁二烯—苯乙烯三种单体共同聚合的产物，简称 ABS 三元共聚物。这种塑料由于其组分 A（丙烯腈）、B（丁二烯）和 S（苯乙烯）在组成中比例不同，以及制造方法的差异，其性质也有很大的差别。ABS 适合注塑和挤压加工，故其用途也主要是生产这两类制品。ABS 树脂色彩醒目、耐热、坚固、外表面可镀铬、镍等金属薄膜，可制作琴键、按钮、刀架、电视机外壳、伞柄等。

# 5.5　绿色食品好在哪里

　　绿色食品是指按特定生产方式生产，并经国家有关的专门机构认定，准许使用绿色食品标志的无污染、无公害、安全、优质、营养型的食品。

## 石油农业污染了地球

　　第二次世界大战以后，欧美和日本等发达国家在工业现代化的基础上，先后实现了农业现代化。一方面大大地丰富了这些国家的食品供应，另一方面也产生了一些负面影响。主要是随着农用化学物质源源不断地、大量地向农田中输入，造成有害化学物质通过土壤和水体在生物体内富集，并且通过食物链进入到农作物和畜禽体内，导致食物污染，最终损害人体健康。可见，过度依赖化学肥料和农药的农业（也叫作"石油农业"），会对环境、资源以及人体健康构成危害，并且这种危害是隐蔽性的，也有长期性的特点。

　　1962 年，美国的雷切尔·卡逊女士以密歇根州东兰辛市为消灭伤害榆树的甲虫

▼待售的绿色食品

所采取的措施为例，披露了杀虫剂 DDT 危害其他生物的种种情况。该市大量用 DDT 喷洒树木，树叶在秋天落在地上，蠕虫吃了树叶，大地回春后知更鸟吃了蠕虫，一周后全市的知更鸟几乎全部死亡。卡逊女士在《寂静的春天》一书中写道："全世界广泛遭受治虫药物的污染，化学药品已经侵入万物赖以生存的水中，渗入土壤，并且在植物上布成一层有害的薄膜……已经对人体产生严重的危害。除此之外，还有可怕的后遗祸患，可能几年内无法查出，甚至可能对遗传有影响，几个世代都无法察觉。"卡逊女士的论断无疑给全世界敲响了警钟。

## 绿色食品应运而生

20 世纪 70 年代初，由美国扩展到欧洲和日本的旨在限制化学物质过量投入以保护生态环境和提高食品安全性的"有机农业"思潮影响了许多国家。一些国家开始采取经济措施和法律手段，鼓励、支持本国无污染食品的开发和生产。自 1992 年联合国在里约热内卢召开的环境与发展大会后，许多国家从农业着手，积极探索农业可持续发展的模式，以减缓石油农业给环境和资源造成的严重压力。欧洲、美国、日本和澳大利亚等发达国家和一些发展中国家纷纷加快了生态农业的研究。在这种国际背景下，我国决定开发无污染、安全、优质的营养食品，并且将它们定名为"绿色食品"。

▲ 酸雨过后

# 5.6 无可抵挡的酸雨

酸雨可分为"湿沉降"与"干沉降"两大类，前者指的是所有气状污染物或粒状污染物，随着雨、雪、雾或雹等降水形态而落到地面上，后者则是指在不下雨的日子，从空中降下来的落尘所带的酸性物质。

## 酸雨的成因

酸雨是怎么形成的呢？

酸雨的形成是一种复杂的大气化学和大气物理的现象。酸雨中含有多种无机酸和有机酸，绝大部分是硫酸和硝酸，还有少量灰尘。

煤、石油和天然气等化石燃料燃烧，无论是煤、石油，或天然气都是在地下埋藏多少亿年，由古代的动植物化石转化而来，故称作化石燃料。

煤中含有硫，燃烧过程中生成大量二氧化硫，此外煤燃烧过程中的高温使空气中的氮气和氧气化合为一氧化氮，继而转化为二氧化氮，造成酸雨。

工业过程，如金属冶炼：某些有色金属的矿石是硫化物、铜、铅、锌便是如此，将铜、铅、锌硫化物矿石还原为金属过程中将逸出大量二氧化硫气体，部分回收为硫酸，部分进入大气。

交通运输，如汽车尾气。在发动机内，活塞频繁打出火花，如天空中的闪电，使氮气变成二氧化氮。

## 酸雨的危害

城市大气污染严重改变了季节变化和昼夜变化的规律，大体可分为煤炭型和石油型两类。煤炭型是燃煤引起，因此污染强度以对流最强的夏季和白天为最轻，而以逆温最强、对流最弱的冬季和夜间为最重。伦敦烟雾事件就属于这种类型。石油型是石油和石油化学产品和汽车尾气所产生，由于氮氧化物和碳氢化物等生成光化学烟雾时需要较高气温和强烈阳光，因此污染强度变化规律和煤炭型刚刚相反，即以夏季午后发生频率最高，冬季和夜间少或不发生。洛杉矶光化学烟雾就属于这个类型。

酸雨可导致土壤酸化。我国南方土壤本来多呈酸性，再经酸雨冲刷，加速了酸化过程。

酸雨能使非金属建筑材料（混凝土、砂浆和灰砂砖）表面溶解，出现空洞和裂缝，导致强度降低，从而使建筑物损坏。

知识
链接

大理石含钙特别多，因此最怕酸雨侵蚀。例如，有两座高 157m 尖塔的著名德国科隆大教堂，石壁表面已腐蚀得凹凸不平，"酸筋"累累。通向入口处的天使和玛丽亚石像剥蚀得已经难以恢复。其中的砂岩（更易腐蚀）石雕近 15 年间甚至腐蚀掉了 10cm。著名印度泰姬陵，由于大气污染和酸雨的腐蚀，大理石失去光泽，乳白色逐渐泛黄，有的变成了锈色。

# 5.7　戈林逃过绞刑的帮手

氰化钾是一种剧毒，呈白色圆球形硬块、粒状或结晶性粉末。

## 戈林之死

　　1945 年，第二次世界大战结束，德国宣布无条件投降。德国法西斯第二号战犯空军元帅戈林被俘虏，押上了审判台。纽伦堡国际法庭判处这个二号战犯绞刑。可是，在执行绞刑的前一晚，戈林突然死去了。经验尸证明，他是服用氰化钾自杀的。

　　那么 20 世纪 50 年代戈林的氰化钾是从哪里来的呢?

　　在 50 年代，党卫军军官埃里希·冯·巴赫宣称是他在戈林的行刑日前将毒药交给戈林的，但是他的说法并没有得到许多人认同。现代的历史研究推测当时戈林与看守的一名美军军官结识，后者帮助其隐瞒了藏在随身行李中的毒药。2005 年，一名美军退役士兵宣称他当时与一位德国女性坠入情网，并帮助她将一支自来水笔交给了戈林，而毒药就藏在笔中。这位士兵当时在负责纽伦堡审判守卫工作的美军第

▼氰化钾

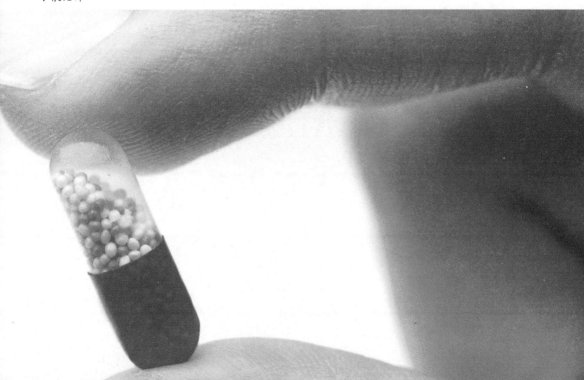

一步兵师第 26 连队服役。他声称直到戈林自杀成功后，才知道自己带进去的钢笔藏着毒药。

## 氰化物的作用

用于矿石浮选提取金、银。钢铁的热处理，制造有机腈类。分析化学用作试剂。此外，也用于照相、蚀刻、石印等。

氰化钾和氰化钠都是剧毒的物质，是一种在小说中或电影里最常见到的毒药。虽然，氰化物毒性很强，但是，近百年来，它一直是传统电镀的主要材料。因为用氰化钠作络合剂可获得细致、紧密的镀层。但是运用有氰电镀材料，不仅危害工人的健康，还污染大气、水源和农田。我国科技工作者，经过千百次失败后，创造了一系列低氰、无氰、高效率、低成本的电镀工艺，为发展生产、保护环境、保障人民健康做出了贡献。

扩展阅读

氰化物是实施安乐死最主要的工具。

荷兰是第一个将安乐死合法化的国家。其后，日本、瑞士等国和美国的一些州也通过了安乐死法案。

注射催眠剂使患者入眠的情况下，注射氰化物而导致患者死亡。

氰化物使呼入的氧不能和氢结合变成水。同时人体不再分泌一种人体所必需的酶，人体内过量的氧造成体内细胞不再进行呼吸作用，最终导致心脏衰竭。在我国，氰化物不用于医用，只在工业上运用。

# 5.8　巧夺天工的中国瓷器

陶瓷是以黏土为主要原料以及各种天然矿物经过粉碎混炼、成形和煅烧制得的材料以及各种制品。

## 陶瓷的化学性质

陶瓷是陶器和瓷器的总称。中国人早在约公元前8000—前2000年（新石器时代）就发明了陶器。陶瓷材料的成分主要是氧化硅、氧化铝、氧化钾、氧化钠、氧化钙、氧化镁、氧化铁、氧化钛等。常见的陶瓷原料有黏土、石英、钾钠长石等。除了在食器、装饰的使用上，在科学、技术的发展中亦扮演重要角色。陶瓷原料是地球原有的大量资源黏土、石英、长石经过加工而成的。黏土的性质具韧性，常温遇水可塑，微干可雕，半干可压、全干可磨；烧至900℃可成陶器能装水；烧至1230℃则瓷化，可完全不吸水且耐高温耐腐蚀。其用法之弹性，在今日文化科技中尚有各种创意的应用。

## 精美的中国瓷器

▼中国瓷器

瓷器是中国人发明的，这是举世公认的。在商代和西周遗址中发现的"青釉器"已明显具有瓷器的基本特征。原始瓷从商代出现后，经过西周、春秋战国到东汉，历经了一千六七百年的变化发展，由不成熟逐步发展成熟。

中国白釉瓷器萌发于南北朝，到了隋朝，已经发展到成熟阶段。至唐代更有新的发展。瓷器烧成温度达到1200℃，瓷的白度也达到了70%以上，接近现代高级细瓷的标准。这一成就为釉下彩和釉上彩瓷器的发展打下基础。

宋代瓷器、在胎质、釉料和制作技术等方面，又有了新的提高，烧瓷技术达到完全成熟的程度。在工艺技术上，有了明确的分工，是我国瓷器发展的一个重要阶段。

我国古代陶瓷器釉彩的发展，是从无釉到有釉，又由单色釉到多色釉，然后再由釉下彩到釉上彩，并逐步发展成釉下与釉上合绘的五彩、斗彩。

多姿多彩的瓷器是中国古代的伟大发明之一，"瓷器"与"中国"在英文中同为一词，这说明英国在最初认识中国就是因为中国的瓷器。高级瓷器拥有远高于一般瓷器的制作工艺难度，因此在古代皇室中也不乏精美瓷器的收藏。作为古代中国的特产奢侈品之一，瓷器通过各种贸易渠道传到各个国家，精美的古代瓷器作为具有收藏价值的古董被大量收藏家所收藏。

知识
链接

班布里奇是英国伦敦郊区小镇博罗，一家名不见经传的地区性拍卖行，成立不过 30 年，主要业务是遗产拍卖。2010 年 11 月 11 日，在班布里奇举行的一场小型拍卖会上，一件清朝乾隆粉彩镂空瓷瓶最终以 5160 万英镑（含佣金，约合人民币 5.5 亿元）的天价成交。这件瓷瓶不仅由此成了最贵的中国艺术品，也成了最贵的亚洲艺术品。

这只粉彩镂空瓷瓶制造于中国乾隆三十年（1740 年）左右，鉴定专家认为是无疑的官窑精品，而且极有可能陈列于中国的皇宫。整个瓷瓶高约 40.64cm，采用双壁设计，透过外层大瓶可以看到内层的小瓶。口型为黄色喇叭口，卵形的瓶身有 4 组螺旋形装饰，每组都漆有鱼戏水的图案，瓶颈有"吉庆有余"字样。

清代康熙、雍正、乾隆三朝瓷器以乾隆时期最为鼎盛，而这件瓷瓶可以说是巅峰时期的"巅峰之作"，因为它几乎囊括了乾隆时期最复杂的工艺，而且历经十几道工序，多种釉色地、内绘青花、外画洋彩、珐琅彩、粉彩，另外还有描金、镂空、转心、浮雕、浅刻……

目前，除了台北故宫有一件类似藏品外，被世人所知的仅此一件，更为重要的是，该瓷瓶的保存状况非常良好，历经几百年，实属难得。

# 5.9　美国总统胡佛的发迹史

　　美国第 31 任总统胡佛（1874—1964）虽然时运不济，在上任不久就遇到经济危机，然后在连任的竞选中被罗斯福（1882—1945）击败，但他从孤儿到百万富翁再到美国总统的人生轨迹实在是让人叹为观止。

## 胡佛在中国的炼金生涯

　　1929 年，百万富翁共和党人胡佛登上了美国总统的宝座。胡佛堪称最富有的美国总统。成为总统后，胡佛发迹前在中国的经历也就被一点点披露了出来。胡佛幼时父母双亡，和他的一个哥哥、一个妹妹先后由叔叔阿伦·胡佛、舅舅约翰·明索恩抚养。胡佛毕业于斯坦福大学，成为一个采矿工程师。胡佛从斯坦福大学毕业后，为一家公司所雇用去了澳大利亚，次年来到中国的天津，在一家私人企业公司工作，作为中国主要的工程师，胡佛在天津居住了 15 年。

　　胡佛在中国很快就发现了发财的良机。当时，开采金矿的水平很低，滤过矿金后就丢弃了。在胡佛凭借他掌握的化学知识，断定这些"废物"中仍有尚多的黄金，于是便搞起了"废物利用"。他雇人用氰化钠的稀溶液处理矿砂。于是氰化钠与之发生化学反应，再用锌粒与滤液作用，置换反应的结果，纯净的金也就被提取出来了。

　　显然，这种炼金方法在当时是较为先进的。因而，大量的黄金便源源不断地流进了胡佛的腰包。

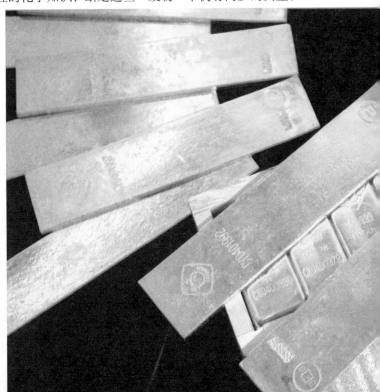

▶ 黄金

▲ 溶洞

# 5.10 谁创造了千奇百怪的溶洞

"桂林山水甲天下，阳朔山水甲桂林"，桂林的美景为什么让人如此着迷，原因全在于碳酸钙这种既不美丽又不动听的物质。

## 桂林山水的形成

桂林山水和阳朔风光主要是以石芽、石林、峰林、天生桥等地表喀斯特景观著称于世，并且是山中有洞，"无洞不奇"。以岩洞地貌为主的芦迪岩洞景观，景观内有各种奇态异状的溶洞堆积地貌，形成了"碧莲玉笋"的洞天奇观；七星岩石钟乳构成的地下画廊，真是琳琅满目；武鸣伊岭岩、北流沟漏洞、柳州都乐岩、兴平莲花岩、兴安乳洞、永福百寿岩、宜山白龙洞、凌云水源洞、龙州紫霞洞等也都是著名的溶洞景观区。

这些千奇百怪的溶洞、峰林、峰丛、孤峰、天生桥，是如何形成的呢？

岩溶作用是形成这些天然屏风的主要原因。

碳酸钙有这样一种性质：当它遇到溶有二氧化碳的水时就会变成可溶性的碳酸

氢钙，溶有碳酸氢钙的水如果受热或遇压强（压力）突然变小时溶在水中的碳酸氢钙就会分解，重新变成碳酸钙沉积下来。同时放出二氧化碳。就这样周而复始，久而久之，就形成了鬼斧神工的溶洞美景。

峰丛是可溶性岩受到强烈溶蚀而形成的山峰集合体。峰林是由峰丛进一步演化而形成的。当然，在新构造作用下，峰林会随着地壳的上升转化为峰丛。山峰表现为锥状、塔状、圆柱状等尖锐峰体，表面发育石芽、溶沟，山峰之间又常常有溶洞、竖井。峰丛地貌可以说是喀斯特地貌的博物馆。

孤峰是岩溶区孤立的石灰岩山峰，它需要地壳长期稳定而无太大的地质运动。奇特美丽的桂林山水会把大自然对它的宠爱告诉你。

天生桥是可溶性岩下部受流水溶蚀而形成的拱桥状地貌。

## 喀斯特地貌

喀斯特（Karst）地貌又称岩溶地貌，就是指具有溶蚀力的水对岩石的侵蚀而形成的地表与地下的形态。喀斯特这个名称来源于欧洲南斯拉夫一个碳酸盐高原的地名，对喀斯特地貌的研究是从这里开始的，因而得名。

桂林山水就是典型的喀斯特地貌。

喀斯特研究在理论和生产实践上都有重要意义。喀斯特地区有许多不利于生产的因素，需要克服和预防，也有大量有利于生产的因素可以开发利用。水库选址时应尽量避免断层、破碎带、喀斯特地貌等。喀斯特矿泉、温泉富含有益元素和气体，有医疗价值。喀斯特洞穴和古喀斯特面上各种沉积矿产较为丰富，古喀斯特潜山是良好的储油气构造。

喀斯特地区的奇峰异洞、明暗相间的河流、清澈的喀斯特泉等，是很好的旅游资源。如湖南张家界桑植县的九天洞已列入洞穴学会会员洞，堪称亚洲第一洞、黄龙洞被列为世界自然遗产、世界地质公园、首批国家 5A 级旅游区张家界武陵源的组成部分，是张家界地下喀斯特的地形代表，其中喀斯特地貌约占全市面积的百分之四十。广西的桂林山水、云南的路南石林、贵州的龙宫、织金洞等驰名中外。

第 6 章

# 日常生活里的化学奥妙

平日里吃的、喝的、穿的、用的、住的，种种东西，一切的一切，都是化学物质，都可以用化学的概念来诠释。这些东西，有的有益，有的有害，有的有毒……对于它们，人们不仅要知其然，还要知其所以然，要取其利避其害，方是人间正道。

# 6.1　人体是由什么成分组成的呢？

　　人的身体也是由各种化学元素组成的，但是到底是哪些化学元素组成了可运动、会思考的人呢？科学家研究，人体主要是由水、蛋白质、脂肪、无机质四种成分构成，其正常比例是：水占 55%，蛋白质占 20%，体脂肪占 20%，无机物占 5%。人体成分的均衡是维持健康状态的最基本的条件。

## 水是人体之源

　　人体内的水可分为细胞内液和细胞外液。正常状态下人体的细胞内液和细胞外液的比例保持 2：1。这些体液占体重的 50% ～ 60%，是体内所占份额最大的成分，作为载体它为细胞提供营养和氧气，并将二氧化碳和体内垃圾溶在水里送到人体的各器官进行化学处理。体液在好几个方面维持着均衡，细胞内占 2/3，细胞外占 1/3，这一分布比例非常稳定。但是，如果新陈代谢出了问题的话，就会出现浮肿或脱水现象，原来的水分分布将失去均衡。

## 蛋白质与脂肪构成生命

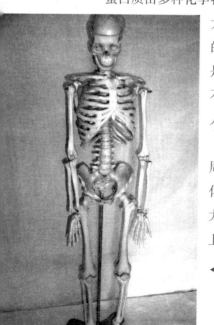

　　蛋白质由多种化学物质以环状形态构成且具有黏着性的人体成分。肌肉中含有大量的蛋白质，骨骼和脂肪里也溶入了一些蛋白质。蛋白质的匮乏意味着四肢的肌肉及形成脏器的肌肉不足。如果肌肉是利用人体的能源活动身体和脏器的器官的话，那么肌肉的不足就意味体质弱，没有活力。癌症及慢性病患者中有很多人的直接死因是由于缺乏营养导致特定器官停止运动。

　　体内脂肪是将体内多余营养浓缩储藏在皮下和腹部内脏周围的体成分。人体中可作为能量使用的三大营养素是碳水化合物、蛋白质、脂肪。碳水化合物和蛋白质在体内以包含大量水分的状态存在，从这一点上就可以看出其在储存方面上的劣势。

◀ 人体的主要成分是水

体内脂肪是人体维持生命所必需的营养成分，人体内应存有一定量的脂肪，如果脂肪量不足，就说明营养状态不佳。但一般不以缺少脂肪来判断营养缺乏，而以肌肉量不足来判断，其原因是缺乏营养的症状首先出现在肌肉量的减少即蛋白质的减少。人体处于缺乏营养或饥饿状态，就会先将蛋白质分解补充不足的营养素，所以蛋白质不足现象一般先于脂肪不足而出现营养缺乏症状。

## 无机质是身体架构的支柱

无机质是维持身体架构的支柱，在大脑里它是保护重要脑器官的盾牌。含蛋白质与钙质的无机质聚合组成坚固的骨骼。但如果钙质从骨骼组织中脱落随小便排出体外的话，骨骼的密度逐渐降低，原来钙质所占的空间空掉了，就会导致骨质疏松症。骨质疏松症有时是与特定激素代谢的副作用有关的。但很多研究证明，无机质的多少和人体的肌肉量有着密切关系，骨质疏松症也和体脂肪过量和肌肉缺乏所引起的人体成分不均衡有关，从而导致骨质量的缺乏和骨密度低下。因此，一般来讲，喜欢运动的人，肌肉发达体脂肪含量正常，所以不缺骨质量，不易患骨质疏松症。

**知识链接**

人体的肌肉不可能像脂肪那样无限量地在体内储存。

肌肉与脂肪不同的是脂肪不应超过特定标准值，而肌肉量却可以超过标准值而不会有害健康。并且，增多的肌肉会增加基础代谢率并对骨骼有益。人体成分分析结果的最佳状态是体成分的平衡。体成分的平衡意味着身体脂肪和肌肉物质的平衡、身体各个节段（上肢、下肢、躯干等）的生长发育的平衡、细胞液体的平衡等。

人体成分的平衡可以通过适当的锻炼和合理的饮食习惯而获得。在身体的各种成分中，体内脂肪和肌肉的含量是检测体成分平衡的基本方法，如果肌肉含量比脂肪含量高，可以说这是一个良好的状态。

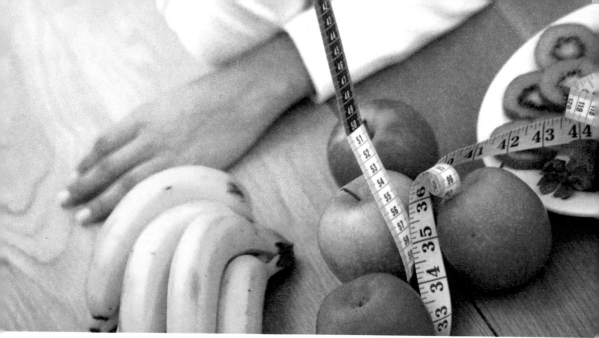

▲ 科学合理的饮食才能塑造好体型

# 6.2　减肥到底是减什么呢

减肥已经成为一种常态，年轻女性们对减肥的热衷带动了一个行业的兴起——减肥产业。

## 什么人应该减肥

人因为胖而要减肥，所谓的"肥"，就是指脂肪。通常人们认为肥胖就是单纯意义上的胖，而胖就说明脂肪多，但是这也不是绝对的。

体重很重的摔跤运动员就不能说他胖，而不少体重很轻的年轻女性中也有不少脂肪过多的人。肥胖的正确定义应该以脂肪量和肌肉的比例来解释。脂肪是储存和释放能量的人体组织，而肌肉是使用能量进行运动的组织。两个组织之间的协调关系被打破，脂肪相对增多的情况叫作真正的肥胖。

标准身体脂肪比率：女性为 23 ± 5%，男性为 15 ± 5%，17 岁以下的男子，7 岁时为 20%，以后每年减少 0.5% 到 17 岁为 15%。身体脂肪比率比标准比率低时，有两种情况：一类是运动量多的肌肉型体格，是理想的体格；另一类是营养缺乏，为不健康状态。

一般来说，人体脂肪的分布 50% 在四肢，肌肉中有 5%，躯干有 45%。

年轻女性和儿童青少年中常见的情况是虽然并不胖，体重处于标准或偏低的状态，但体成分检测得知脂肪率较高，也就是说低肌肉型肥胖者居多。若体内脂肪与肌肉相比偏多，那么多余肌肉比例的脂肪成分就会在血液里流转终至附在血管壁上，导致动脉硬化，动脉管壁逐渐变厚，管变窄就导致高血压，粘在血管壁上的血栓脱落随血液流转中堵塞脑血管或使其破裂，最终发展至中风。

## 应该如何减肥

经科学研究发现，饮食量、运动量和人体成分的变化有密切的关系。想要成功减肥，首先要知道减少体重的原理。减少体重的绝对准则就是饮食量要少于消耗的能量。人体在消耗热量时，所要用到的原料营养素和人体成分的变化，大体上可分为四个阶段。

第一阶段，血液里的葡萄糖是能的源泉，当其缺乏时，人体将肝糖原分解为葡萄糖。在肝糖原分解的过程中，水分的排泄增多，因此体重会快速减少。

第二阶段，人体将以脂肪为原料的葡萄糖消耗完之后，下一步将蛋白质分解成葡萄糖。这时，蛋白质组织的损失就是肌肉的损失，所以一定要同时加强运动，增加肌肉的合成。蛋白质里也有很多水分，这个阶段水分排泄也会增多。

第三阶段，在这个阶段，蛋白质的消耗将会减少，体脂肪成为主要能源。与碳水化合物、蛋白质相比，脂肪的能源消耗效率要高两倍，少量脂肪就能释放出很多能量，因此这个阶段的体重减少比前两个阶段要缓慢。

第四阶段，减肥进入后期，体脂肪成为主要的能源，体重和体脂肪率同时减少，这个时期发生真正的体重减少。人体在进入第四阶段后，必要的基础代谢量将要减少，处于长期的饥饿状态，以致影响身体成分平衡，这不是直接去除脂肪的好方法。

# 6.3　喝矿泉水到底有什么用

矿泉水是地下自然涌出的或是人工采集的没有被污染的矿水。含有一定的矿物盐、微量元素和二氧化碳气体。

## 神奇的矿泉水

这是一个在内蒙古大草原上广泛流传的关于阿尔山神泉水的故事。

许久以前，有个蒙古族奴隶，被王爷派去狩猎。一天，他射到了梅花鹿，中箭的梅花鹿，奋力跃进一处泉水里，挣扎着游上彼岸，竟没事似的，一溜烟逃得不见踪影。

愚蠢的王爷，不相信奴隶的话，认为他不诚实，打不到猎物还要说谎话，就打断了他的双腿，扔到野外去喂狼。这个奴隶拖着断腿找到了那处泉水，又饥又渴的他吮吸着甘甜的泉水。奇迹出现了，他觉得伤口不那么痛了，一会儿便坐了起来，他用泉水洗涤伤口，几天后，断腿居然接好……

▼ 矿泉水

# 矿泉水的作用

现代医学研究表明，生理上不可缺少的矿物质化学元素，有 15 种之多。

人们都有这样的体验，十一二岁的孩子，女孩往往比男孩高许多。这是为什么呢？这个年龄的男孩，体内的锌元素，全部供性器官发育，再没有余力顾及骨骼的增长了。但青春期一过，男孩个儿突然超过女孩很多。"二十三蹿一蹿"，这句俗语是有一定道理的。锌还能防止动脉硬化、皮肤疾病。缺锌可引起侏儒症、皮肤病等；癌症的成因，也与缺锌有关。

钠、钾的作用，早为人们所熟知；氟可促进血红蛋白的形成，可使钙在骨骼和牙齿中积聚；碘可防治甲状腺肿，镁能使肌肉富有弹性；铬、硒等稀有元素，可使人长寿……

然而这些矿物质化学元素，大多数可以在矿泉水中得到补充。

根据身体状况及地区饮用水的差异，选择饮用合适的矿泉水，可以起到补充矿物质，特别是微量元素的作用。盛夏季节饮用矿泉水补充因出汗流失的矿物质，是有效手段。

矿泉水中的锂和溴能调节中枢神经系统活动，具有安定情绪和镇静作用。长期饮用矿泉水还能补充膳食中钙、镁、锌、硒、碘等营养素的不足，对于增强机体免疫功能，延缓衰老，预防肿瘤，防治高血压，痛风与风湿性疾病也有着良好作用。此外，绝大多数矿泉水属微碱性，适合于人体内环境的生理特点，有利于维持正常的渗透压和酸碱平衡，促进新陈代谢，加速疲劳恢复。

▲ 麻婆豆腐

# 6.4　卤水有毒为什么可以点豆腐

　　传统的豆腐是将水磨大豆加盐卤或石膏作凝固剂制成，前者称为北豆腐，后者称南豆腐。

## 卤水点豆腐

　　盐卤又叫卤碱，它是制盐过程渗出的液体。盐卤里有许多电解质，主要是钙、镁等金属离子，它们会使人体内的蛋白质凝固，所以人如果多喝了盐卤，就会有生命危险。

　　盐卤主要成分是二氧化镁，其次是氯化钠、氯化钾等，还含微量元素。盐卤对皮肤、黏膜有很强的刺激作用，对中枢神经系统有抑制作用，可中毒致死。

　　用水把黄豆浸胀，磨成豆浆，煮沸，然后进行点卤——往豆浆里加入盐卤。这时，就有许多白花花的东西析出来，一过滤，就制成了豆腐。

　　盐卤既然喝不得，为什么做豆腐却要用盐卤呢？

原来，黄豆最主要的化学成分是蛋白质。蛋白质是由氨基酸所组成的高分子化合物，在蛋白质的表面上带有自由的羧基和氨基。由于这些基对水的作用，使蛋白质颗粒表面形成一层带有相同电荷的水膜的胶体物质，使颗粒相互隔离，不会因碰撞而黏结下沉。

点卤时，由于盐卤是电解质，它们在水里会分成许多带电的小颗粒——正离子与负离子，由于这些离子的水化作用而夺取了蛋白质的水膜，以至没有足够的水来溶解蛋白质。另外，盐的正负离子抑制了由于蛋白质表面所带电荷而引起的斥力，这样使蛋白质的溶解度降低，而颗粒相互凝聚成沉淀。这时，豆浆里就出现了许多白花花的东西了。

## 豆腐的营养价值

大豆本身含有丰富的蛋白质，但不容易被人体消化和吸收，而经过加工的豆腐，其蛋白质分子内部结构肽链折叠方式发生变化，密度变得疏松，使营养素的吸收率大大提高，经过烧煮的大豆消化率只有65.3%，而豆腐达92% ~ 96%，且经过加工的豆腐能去除豆腥味，还增加了特有的香味。

豆腐是人们植物蛋白质的最好来源，所以有"植物肉"的美誉。用卤水生产的豆腐还为人类提供丰富的钙和镁，而钙是人体各种生理和生化代谢过程中所必需的重要元素，它能保持细胞膜的完整性，参与神经和肌肉的活动，是构成骨骼和牙齿的主要成分，是少年儿童生长发育和中老年人预防、治疗骨骼疏松的物质基础。吃200g老豆腐就可满足一天1/3的钙需要量。镁能舒张动脉血管的紧张度，帮助降血压，预防心脑血管疾病，强骨健齿。豆制品还含有磷脂、异黄酮，又不含胆固醇，所以豆腐是名副其实的健康食品。

# 6.5  玻璃上的花纹如何刻上去的

古代的玻璃，是王室贵族所享用的奢侈品，在现代，玻璃已经走进了千家万户，是生产、生活和科研领域的重要材料。玻璃的主要成分是二氧化硅。

## 吃玻璃的物质

玻璃的硬度是很高的，尤其是石英玻璃，硬度可以超过大多数物质，但是，常常可以见到玻璃上会刻出花纹，而且很容易，这是为什么呢？

原来，有一种会"吃"玻璃的化学物质，一旦玻璃和它接触，轻的去掉一层表皮，重的甚至会被整个儿"吃掉"。这个吃玻璃的东西就是氢氟酸，它是人们刻蚀玻璃的好帮手。在玻璃制品的表面，先均匀地涂上一层致密的石蜡，然后小心地用工具在蜡层上刻画图案或刻度，使要雕刻部分的玻璃露出来。然后把适量的氢氟酸涂在没有蜡层的表面上，氢氟酸遇上裸露的玻璃，就会把玻璃"啃"去一层。最后把石蜡去除，玻璃器皿上也就雕出各种各样的花纹来了。

▼ 玻璃

# 玻璃的用途

　　玻璃最初由火山喷出的酸性岩凝固而得。约公元前 3700 年前，古埃及人已制出玻璃装饰品和简单玻璃器皿，当时只有有色玻璃，约公元前 1000 年前，中国制造出无色玻璃。公元 12 世纪，出现了商品玻璃，并开始成为工业材料。18 世纪，为适应研制望远镜的需要，制出光学玻璃。1873 年，比利时首先制出平板玻璃。1906 年，美国制出平板玻璃引上机。此后，随着玻璃生产的工业化和规模化，各种用途和各种性能的玻璃相继问世。现代，玻璃已成为日常生活、生产和科学技术领域的重要材料。

知识
链接

　　玻璃在古代又指一种天然玉石，也叫水玉，不是现在的玻璃。

　　玻璃在常温下是固体，它是一种易碎的东西，硬度莫氏（Mohs）6.5。

　　玻璃是一种非晶形过冷液体。熔解的玻璃迅速冷却，各分子因为没有足够时间形成晶体而形成玻璃。当液体冷却之后，原先动荡而纷乱的分子最终会形成有序、固定的晶体结构。然而，玻璃分子在凝固过程中依然保留了液体的特征——完全无序的结构，在玻璃随温度下降变成固态甚至硬如磐石之后，同样也是如此。此外，玻璃会随着光阴流转而失去最初的形状，就像奶酪一样"流淌"！只不过由于整个过程需要 100 亿年的时间（也就是说相当于宇宙的年龄），因此这一现象根本无法察觉。

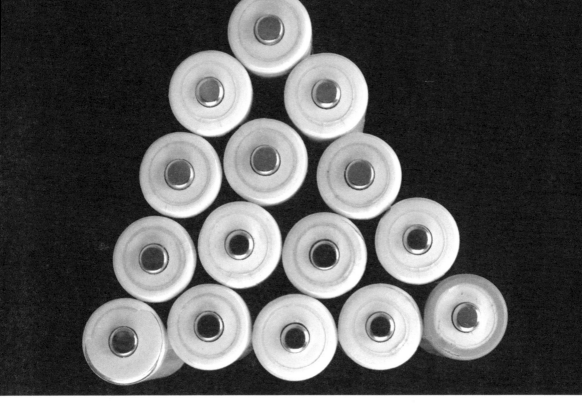

▲ 碱性电池

# 6.6 为什么碱性电池使用寿命长

碱性电池是最成功的高容量干电池，也是目前最具性能价格比的电池之一。

## 碱性电池为什么耐用？

碱性电池是以二氧化锰为正极，锌为负极，氢氧化钾为电解液。其特性上较碳性电池更为优异，电容量大。

碱性电池在结构上采用与普通电池相反的电极结构，增大了正负极间的相对面积，而且用高导电性的氢氧化钾溶液替代了氯化铵、氯化锌溶液，负极锌也由片状改变成粒状，增大了负极的反应面积，加之采用了高性能的电解锰粉，所以电性能得以很大提高。一般地，同等型号的碱性电池是普通电池的容量和放电时间的 3 ~ 7 倍，低温性能两者差距更大，碱性电池更适用于大电流连续放电和要求高的工作电压的用电场合，特别适用于照相机、闪光灯、剃须刀、电动玩具、CD 机、大功率遥控器、无线鼠标，键盘等。

# 电池的演变

世界上第一块电池是意大利物理学家伏特（1745—1827）发明的。

1799 年，伏特把一块锌板和一块银板浸在盐水里，发现连接两块金属的导线中有电流通过。于是，他就把许多锌片与银片之间垫上浸透盐水的绒布或纸片，平叠起来。用手触摸两端时，会感到强烈的电流刺激。伏特用这种方法成功地制成了世界上第一个电池——"伏特电堆"。这个"伏特电堆"实际上就是串联的电池组。它成为早期电学实验、电报机的电力来源。

1836 年，英国的丹尼尔对"伏特电堆"进行了改良，制造出第一个不极化，能保持平衡电流的锌 – 铜电池，又称"丹尼尔电池"。后来，又陆续有"本生电池"和"格罗夫电池"等问世。但是，这些电池都存在电压随使用时间延长而下降的问题。

1860 年，法国的普朗泰发明出用铅做电极的电池。这种电池能充电，可以反复使用，所以称它为"蓄电池"。

也是在 1860 年，法国的雷克兰士还发明了世界广受使用的电池（碳锌电池）的前身。

1887 年，英国人赫勒森发明了最早的干电池。干电池的电解液为糊状，不会溢漏，便于携带，因此获得了广泛应用。

扩展阅读

燃料电池是一种把燃料在燃烧过程中释放的化学能直接转换成电能的装置。与蓄电池不同之处，是它可以从外部分别向两个电极区域连续地补充燃料和氧化剂而不需要充电。燃料电池由燃料（如氢、甲烷等）、氧化剂（如氧和空气等）、电极和电解液等四部分构成。其电极具有催化性能，且是多孔结构的，以保证较大的活性面积。工作时将燃料通入负极，氧化剂通入正极，它们各自在电极的催化下进行电化学反应以获得电能。

因为燃料电池把燃烧反应所放出的能量直接转变为电能，所以它的能量利用率高，等于热机效率的两倍以上。此外它还有下述优点：①设备轻巧；②不发噪声，很少污染；③可连续运行；④单位重量输出电能高等。因此，它已在宇宙航行中得到应用，在军用与民用的各个领域中已展现广泛应用的前景。

▲ 云南泸沽湖女儿国

# 6.7  什么元素导致生女不生男

影响生育的因素除了我们平常所知道的之外，还有一些不是很常见，但是确实存在的原因。

## 新"女儿国"诞生的原因

在《西游记》中，有一段唐僧一行西去取经路过女儿国的故事。读到这一情节，读者大多一笑置之，以为这只是小说家的奇思妙想，不可当真。然而在现实中，虽然不会出现"女儿国"这样的国度，但是也有一些事情让人匪夷所思。

在广东有一山村里，前后数年连续出生的婴儿都是女孩，这让村民们很着急，如此下去，岂不是女儿国真的出现了吗？有人求神拜佛，仍然无济于事。于是就有风水先生兴风作浪，说是地质勘探队破坏了此地的风水。村民们便千方百计地找到了原来在此地探矿的地质队，闹着要他们赔"风水"。地质队回到了这个山村，进行了深入的调查，终于找到了原因。原来是在探矿的时候，钻机把地下含铍的泉水引了出来，扩散了铍的污染，使饮用水的铍含量大为提高，长时间饮用这种水，而导致生女而不生男。

# 6.8　中国的四大发明之一
## ——纸

纸是我国古代的四大发明之一，它与指南针，火药，印刷术一起，给我国古代文化的繁荣打下了物质技术的基础。纸的发明结束了古代简牍繁复的历史，大大地促进了文化的传播与发展。

## 纸的成分

造纸的原料主要是植物纤维，有纤维素、半纤维素、木素三大主要成分。

纸张中除了植物纤维，还需要根据不同纸材添加不同的填料。比如铜系抗菌纸就是将铜离子复合在聚丙烯腈 ( 俗称腈纶 ) 的第一单体丙烯腈上，制得改性腈纶复合纤维，然后再将改性腈纶配加到植物纤维中，配上各种用途的纸，即可制得抗菌纸。

而现在环保呼声日益高涨，制纸厂纷纷推出了加入不同百分比的再生纸成分的纸，有 100% 再生纸，亦有只加入 50% 再生纸成分的纸张，适合不同客户的需求。再生纸来自于废纸，经过消毒、碎浆等处理后可以再度利用。碎浆系统的目的都是将废纸完全碎解而不损伤纤维，不打碎非纸成分。

▼ 纸张

# 纸的生产

一般印刷纸的生产分为纸浆和造纸两个基本过程，制浆就是用机械的方法、化学的方法或者两者相结合的方法把植物纤维原料离解变成本色纸浆或漂白纸浆。造纸则是把悬浮在水中的纸浆纤维，经过各种加工结合成合乎各种要求的纸页。

造纸厂一般须贮存足够用 4 ~ 6 个月的原料，使原料在贮存中经过自然发酵，以利于制浆。经备料工段把芦苇、麦草和木材等原料切削成料片或木段，再把小片原料放到蒸煮器内加化学药液，用蒸汽进行蒸煮，把原料煮成纸浆。

然后用大量清水对纸浆进行洗涤，并通过筛选和净化把浆中的粗片、节子、石块及沙子等除去。再根据纸种的要求，用漂白剂把纸浆漂到所要求的白度。然后在纸浆中加入改善纸张性能的各种辅料，并再次进行净化和筛选，最后送上造纸机经过滤水、脱水、干燥等工序，造出合适的纸。

知识
链接

石头纸就是指用石头制纸的技术，原理就是将石头的主要成分"碳酸钙"研磨成超细微粒后吹塑成纸的。

石头纸技术，是中国领先世界先进的新技术。该技术的诞生，既解决了传统造纸污染给环境带来的危害问题，又解决了大量塑料包装物的使用造成的白色污染及大量石油资源浪费的问题。

石头纸技术在整个生产过程不需用水，不需要添加强酸、强碱、漂白粉及众多有机氯化物，因此从根本上杜绝了造纸过程中的污染问题。

石头纸产品应用领域极其广泛，可应用于一次性生活消耗用品，比如垃圾袋、购物袋、食品袋、密实袋、餐盒等；也可应用于文化用纸，比如印刷纸、书写纸、广告装潢纸、道林纸、涂布纸、膜造纸、图画纸等；还可应用于建材装饰，比如装饰壁纸等；还可应用于工业包装等领域，比如化肥袋、水泥袋、米面袋、服装袋等。可以说应用领域非常广泛，而且随着石头造纸技术的不断成熟和升级，应用领域还将更大。

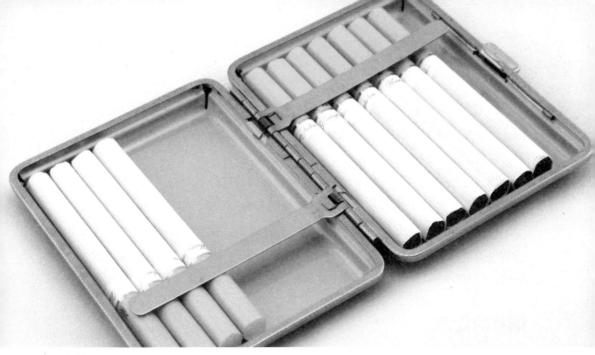

▲ 香烟

# 6.9 危害人类健康的魁首
## ——香烟

　　香烟，是烟草制品的一种。做法是把烟草烤干后切丝，然后以纸卷成长约120mm，直径10mm的圆桶形条状。吸食时把其中一端点燃，然后在另一端用口吸吐产生的烟雾。

## 烟草的历史

　　烟草最早产生于美洲。考古发现，人类尚处于原始社会时，烟草就进入到美洲居民的生活中了。那时，人们在采集食物时，无意识地摘下一片植物叶子放在嘴里咀嚼，因其具有很强的刺激性，正好起到恢复体力和提神的作用，于是便经常采来咀嚼，次数多了，便成为一种嗜好。

　　迄今发现人类使用烟草最早的证据是在墨西哥南部贾帕思州倍伦克的一座建于公元432年的神殿里一幅浮雕。它是一张半浮雕画，浮雕上画着一个叼着长烟管烟袋的玛雅人，在举行祭祖典礼时，以管吹烟和吸烟的情景，头部还用烟叶裹着。

　　关于最早记载印第安人是人类最早的吸食烟草的文字，当数西班牙人潘氏所著的《个人经历谈》。潘氏叙述了他在1497年跟随哥伦布第二次航海到西印度群岛的经历，其中描述了他发现印第安人吸食烟草的情景。

1558年航海水手们将烟草种子带回葡萄牙，随后传遍欧洲。1612年，英国殖民官员约翰·罗尔夫在弗吉尼亚的詹姆斯镇大面积种植烟草，并开始做烟草贸易。

16世纪中叶烟草传入中国。开始传入的是晒晾烟，距今已有400多年的种植历史。1900年在台湾试种烤烟，自1910年后相继在山东、河南、安徽、辽宁等地试种烤烟成功，1937—1940年开始在四川、贵州和云南试种，发展成为我国主产优质烟区。

## 烟草的危害

吸烟的危害主要是从以下三个方面体现的。

烟焦油。烟焦油是有机物在缺氧条件下，不完全燃烧的产物，有苯并芘、镉、苯酚类和富马酸各种致癌物质，能诱发人体细胞突变，抑制人体免疫功能的发挥，危害极大。

尼古丁。尼古丁是一种难闻、味苦、无色透明的油质液体，能迅速溶于水及酒精中，通过口鼻支气管黏膜很容易被机体吸收。粘在皮肤表面的尼古丁亦可被吸收渗入体内。当尼古丁进入人体后，会产生许多危害：如四肢末梢血管收缩、心跳加快、血压上升、呼吸变快、精神状况改变（如变得情绪稳定或精神兴奋），并促进血小板凝集，是造成心脏血管阻塞、高血压、中风等心脏血管性疾病的主要帮凶。

一支香烟所含的尼古丁可毒死一只小白鼠，20支香烟中的尼古丁可毒死一头牛。人的致死量是50～70mg，相当于20～25支香烟的尼古丁的含量。如果将一支雪茄烟或三支香烟的尼古丁注入人的静脉内3～5min即可死亡。

一氧化碳。在吸烟过程中，除了纸烟的外层部分外，基本上都是供氧不足条件下燃烧的，不仅产生大量的一氧化碳，一氧化碳与尼古丁协同作用，危害吸烟者的心脑血管，对冠心病、心肌梗死、心绞痛和脑血栓都有直接影响。

# 6.10　改变人类卫生习惯
## ——肥皂

　　肥皂是洗涤用品之一，是一种日用消费品。香皂是以脂肪酸钠和其他表面活性剂为主要原料，添加品质改良剂和外观改良剂，经过加工成形后制成的产品。

## 肥皂的历史

　　最早的肥皂配方起源于西亚的美索不达米亚地区。大约在公元前 3000 年的时候，人们便将 1 份油和 5 份碱性植物灰混合制成清洁剂。

　　考古学家在意大利的庞贝古城遗址中发现了制肥皂的作坊。说明罗马人早在公元 2 世纪已经开始了原始的肥皂生产。中国人也很早就知道利用草木灰和天然碱洗涤衣服，人们还把猪胰腺、猪油与天然碱混合，制成块，称 "胰子"。

　　早期的肥皂是奢侈品，直至 1791 年法国化学家卢布兰用电解食盐方法廉价制取火碱成功，从此结束了从草木灰中制取碱的古老方法，得以让肥皂从原本只有王宫贵族买得起的商品，摇身一变，变成平民百姓的日常生活用品。1823 年，德国化学家切弗尔发现脂肪酸的结构和特性，肥皂即是脂肪酸的一种。19 世纪末，制皂工业

▼ 皂角树

由手工作坊最终转化为工业化生产。

## 肥皂的种类与用途

肥皂，通常分为硬皂、软皂和过脂皂三种。如果在肥皂中加入某些药物，那就成为药皂了，如硫黄皂、檀香皂等。

硬皂即通常洗衣服所用的肥皂，它含碱量高，去油去污能力强，但对皮肤也有较大的刺激性，反复使用时可使皮肤很快发生干燥、粗糙、脱皮等现象。因此，硬皂一般只用于洗衣，而不用于洗澡。

软皂就是我们平时所用的"香皂"。它含碱量较低，对皮肤的刺激性较小，所以正常人和银屑病患者均可以使用。对皮肤可有良好的去屑作用。

过脂皂也叫多脂皂，不含碱。儿童香皂多属于这一类。适宜于女性使用。

知识
链接

因为古人在黄河流域使用皂荚来洗衣服，后来到长江流域就没有皂荚树了，于是他们又发现有另一种树，其果实跟皂荚的性能一样，可以洗衣服，但是，比皂荚更为肥厚丰腴，所以，给它取名叫肥皂子，也叫肥皂果。

后来发明了人造的去污剂的时候，依然使用了"肥皂"这个词。

所以，虽然没有瘦皂，可是有不肥的皂，就是"皂荚"。

因肥皂是由西方制造引进，所以当时称为"洋碱"，虽然"碱"和肥皂本身并不能划等同的关系，但新奇感驱使中国人民还是将这个名字在官方沿用了好几十年，直到民族工商业自己造出了肥皂，才渐渐舍弃了"洋"字。

# 第 7 章

# 为化学献身的先驱们

　　有一些人，他们聪明，他们敏感，他们不擅长与人斗，但他们能够征服自然。他们的聪明在与自然界的斗智斗勇中显露无遗；他们的敏感使得他能够察觉每一个细微的变化。这些人是伟大的，是值得永远敬仰的。

# 7.1 化学开创者
## ——玻意耳

姓名：罗伯特·玻意耳

国籍：英国

性别：男

生卒日：1627—1691

　　玻意耳出生于公元 1627 年，卒于 1691 年。玻意耳所著的《怀疑派化学家》一书的诞生，正式把化学确立为一门科学。

## 玻意耳的成就

　　玻意耳生活在英国资产阶级革命时期，也是近代科学萌芽的时代，这是一个巨人辈出的时代。玻意耳在 1627 年 1 月 25 日生于爱尔兰的利兹莫城，就在他诞生的前一年，提出"知识就是力量"著名论断的近代科学思想家弗朗西斯·培根（1561—1626）刚去世。伟大的物理学家牛顿比玻意耳小 16 岁。近代科学伟人，意大利的伽利略（1564—1642）、德国的开普勒（1571—1630）、法国的笛卡儿都生活在这一时期。

　　玻意耳出生在一个贵族家庭，家境优裕为他的学习和日后的科学研究提供了较好的物质条件。玻意耳在科学研究上的兴趣是多方面的，他曾研究过气体物理学、气象学、热学、光学、电磁学、无机化学、分析化学、化学、工艺、物质结构理论以及哲学、神学，其中成就突出的主要是化学。

# 《怀疑派化学家》

在玻意耳时代，化学还深深地禁锢在经院哲学之中，化学家把亚里士多德的观点奉为圣典，认为：冷、热、干、湿是物体的主要性质，这种性质两两结合就形成了土、水、气、火"四元素"。照这种观点，物质的性质是第一性的，物质本身反而是第二性的，改变物质的性质就可以改变物质本身，炼金术就是这种哲学思想指导下的产物。

继炼金术而起的是医药化学家的"三元素"学说。他们认为：万物皆是由代表一定性质的盐、汞、硫三元素以不同的比例组成的。某一元素成分的多寡，就决定了该物质的性质。不难看出，三元素学说在理论上和四元素学说如出一辙。

1661 年，玻意耳出版《怀疑派化学家》，对这种经院哲学给以毁灭性的打击。初出版时是匿名的，后来续出多版，才将他的大名揭出。

书中，玻意耳认识到化学值得为其自身的目的去进行研究，而不仅仅是从属于医学或炼金术的；其次，玻意耳认为，实验和观察的方法才是形成科学思维的基础，化学必须依靠实验来确定自己的基本定律。

还有，玻意耳为化学元素下了一个清楚的定义。他通过实验证明，"四元素"和"三元素"是根本站不住脚的。他指出，元素就是"具有确定的、实在的、可觉察到的实物，它们应该是用一般化学方法不能再分为更简单的某些实物"。玻意耳还认为，确定哪些物质是元素，哪些物质不是元素，其唯一的手段是实验，而且他确实用实验手段确定了金、银、汞、硫黄这些物质是元素。

# 7.2  化学界的牛顿
## ——拉瓦锡

姓名：安托万·洛朗·拉瓦锡

国籍：法国

性别：男

生卒日：1743—1794

拉瓦锡，法国著名化学家，近代化学的奠基人之一。1743 年 8 月 26 日生于巴黎，1794 年 5 月 8 日卒于巴黎。

## 拉瓦锡的经历

拉瓦锡 1763 年获法学学士学位，并取得律师开业证书，后转向研究自然科学。21 岁时从事地质学研究，后又转为学习化学。他最早的化学论文是对石膏的研究，发表在 1768 年《巴黎科学院院报》上。他指出，石膏是硫酸和石灰形成的化合物，加热时会放出水蒸气。1765 年他当选为巴黎科学院候补院士，1768 年被任命为征税官，同年，他研究成功浮沉计，可用来分析矿泉水。1772 年，拉瓦锡任皇家科学院副教授，1778 年提升为正教授。1775 年任皇家火药局局长，火药局里有一座相当好的实验室，拉瓦锡的大量研究工作都是在这个实验室里完成的。

## 拉瓦锡的成就

拉瓦锡是近代化学奠基人之一。1774 年 10 月，J. 普利斯特利向拉瓦锡介绍了自己的实验：氧化汞加热时，可得到"脱燃素气"，这种气体使蜡烛燃烧得更明亮，还能帮助呼吸。拉瓦锡重复了普利斯特利的实验，得到了相同的结果。拉瓦锡并不相信燃素说，所以他认为这种气体是一种元素，1777 年正式把这种气体命名为 oxygène（中译名氧），含义是酸的元素。

拉瓦锡通过金属煅烧实验，于 1777 年向巴黎科学院提出了一篇报告《燃烧概论》，阐明了燃烧作用的氧化学说，拉瓦锡用实验证明了化学反应中的质量守恒定律。拉瓦锡的氧化学说彻底地推翻了燃素说，使化学这一科学开始蓬勃地发展起来。

1783 年拉瓦锡将水滴在加热的炮筒上，产生了氢气，他和卡文迪许的工作确证了水不是一种元素，而是氢和氧的化合物。

拉瓦锡还和其他三位化学家组成了一个化学命名法委员会，整理了当时许多化学名词。但他也有一点错误：他认为凡是含有氧的化合物都是酸性化合物，例如，硫酸、硝酸都含有氧，由此推断盐酸 (HCl) 也含有氧，只是结合得牢固，因此不能从盐酸中分出氧，现在我们知道这一认识当然是错误的。

**扩展阅读**

在法国大革命时期，拉瓦锡曾被推选为众议院议员。对此，他感到负担过重，曾多次想退出社会活动，回到研究室做一个化学家，但一直未能如愿。

但是，作为一名科学家，从政并不是他所擅长的，尤其是面对暴怒的民众时。再加上科学界内部的一些对拉瓦锡的成就嫉妒，而对他进行诬陷，拉瓦锡的处境风雨飘摇。

终于，在 1793 年 11 月 28 日，拉瓦锡被捕入狱，死神越来越逼近他了。学术界震动了，各学会纷纷向国会提出了赦免拉瓦锡和准予他复职的请求，但是，已经为罗伯斯庇尔领导的激进党所控制的国会，对这些请求不仅无动于衷，反而却更加严厉了。1794 年 5 月 7 日开庭审判，拉瓦锡被处以死刑，并预定在 24h 内执行。

5 月 8 日的早晨，拉瓦锡登上断头台。他泰然受刑而死……著名的法籍意大利数学家拉格朗日痛心地说："他们把他的头砍下来只需要一眨眼的工夫，但是再有一百年也不会长出那样一个头脑来了。"

# 7.3　英年早逝的天才
## ——舍勒

姓名：卡尔·威尔海姆·舍勒

国籍：瑞典

性别：男

生卒日：1742—1786

　　瑞典化学家舍勒是 18 世纪中期到 18 世纪后期欧洲一位相当出名的科学家，生于 1742 年 12 月 9 日在瑞典南部（特拉尔松德），1786 年 5 月 21 日，卒于瑞典雪平。

## 舍勒的经历

　　舍勒早年曾在哥德堡、马尔默、乌普萨拉、斯德哥尔摩等地的药房短期工作过，1757 年开始在哥德堡做一药剂师的学徒，并开始学习和研究化学，并做实验。1770 年在乌普萨拉做药剂师，几年后自己开了一家药房，直到逝世。

　　舍勒发现的有机和无机物不下 30 种。其中最著名的是氧和氯的发现。他在 1773 年以前，研究了燃烧现象，分离出了氧气（当时他称为"火空气"），并于 1775 年底写成《论空气与火》一书，但未能及时出版，直到 1777 年才与读者见面。1775 年 2 月 4 日，舍勒当选为瑞典科学院院士。由于经常在夜里工作，这大大损害了他的健康，不幸得了哮喘病，使他在 1786 年 5 月 21 日过早地病故了，终年仅44 岁。

## 舍勒的科学成就

舍勒的杰出贡献，给化学的进步带来了巨大的影响。舍勒的研究涉及化学的各个分支，在无机化学、矿物化学、分析化学、甚至有机化学、生物化学等诸多方面，他都做出了出色贡献。他是氧气的发现人之一，同时对氯化氢、一氧化碳、二氧化碳、二氧化氮等多种气体，都有深入的研究。

舍勒的第一篇论文是关于酒石酸的，发表于 1770 年。接下来又得到焦酒石酸。

在 1774 年，他研究了二氧化锰，并且利用它制得了氯气。他制成了锰的许多化合物，在 1775 年，他研究了砷酸的反应，在 1776 年发表了关于水晶、矾石和石灰石的成分的论文，还从尿里第一次得到了尿酸。在 1777 年他制得了硫化氢，并且观察到，银盐被光照射以后，可以变色。在 1778 年他制得了氯化汞，从钼矿里制成了钼酸。1780 年他证明了牛奶的发酸，是因为产生了一种乳酸，乳酸被硝酸氧化之后，得到黏液酸。

在 1781 年他发现了白钨矿，因为这是他首先发现的，所以化学上利用他的姓，名之为 Scheelite。在 1782 年他首先制成了乙醚，在 1783 年他研究了甘油的特性。在差不多同时，他又研究了普鲁士蓝的特性和用法。记载了普鲁士酸（即氢氰酸）的性质、成分和化合物，当时他还不知道氢氰酸是一种很毒的物质。

在他生命的最后几年里，他研究了多种植物性酸类。例如，柠檬酸、苹果酸、草酸和五倍子酸等的成分。

# 7.4　近代化学之父
## ——道尔顿

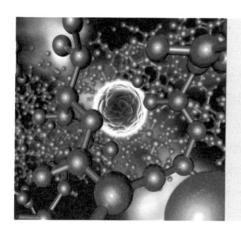

姓名：约翰·道尔顿

国籍：英国

性别：男

生卒日：1766—1844

道尔顿，英国化学家，近代化学奠基人，1766 年 9 月 6 日生于英格兰北方坎伯雷鹰田庄，1844 年在曼彻斯特过世，终生未娶。

## 道尔顿的经历

道尔顿的父亲是一位农民兼手工业者。幼年时家贫，无钱上学，加上又是一个红绿色盲患者，生活艰辛，但他以惊人的毅力，自学成才。

道尔顿才智早熟，12 岁就当上了教师。1778 年在乡村小学任教；1781 年 15 岁应表兄之邀到肯德尔镇任中学教师，在哲学家高夫的帮助下自修拉丁文、法文、数学和自然哲学等，并开始对自然观察，记录气象数据，从此学问大有长进；1793 年 26 岁任曼彻斯特新学院数学和自然哲学教授；1796 年任曼彻斯特文学和哲学会会员，1800 年担任该会的秘书；1817 年升为该会会长；1816 年选为法国科学院通讯院士；1822 年选为皇家学会会员。1826 年，英国政府将英国皇家学会的第一枚金质奖章授予了道尔顿。

# 道尔顿的去世

1817 年道尔顿当选曼彻斯特文学与哲学学会会长，一直任职到去世，同时继续进行科学研究，他使用原子理论解释无水盐溶解时体积不发生变化的现象，率先给出了滴定分析法原理的描述。但是，晚年的道尔顿思想趋于僵化，他拒绝接受盖·吕萨克的气体分体积定律，坚持采用自己的原子量数值而不接受已经被精确测量的数据，反对贝采利乌斯提出的简单的化学符号系统。

1844 年 7 月 26 日他使用颤抖的手写下了他最后一篇气象观测记录。7 月 27 日他从床上掉下，服务员（道尔顿终生未婚）发现他已然去世。为纪念道尔顿，很多化学家使用道尔顿作为原子量的单位。

道尔顿的研究记录在他死后被完整收藏在曼彻斯特，但却毁于第二次世界大战时的曼彻斯特轰炸。以撒·艾西莫夫为此事叹道：不是只有活人才会在战争中被杀害。

**扩展阅读**

色盲现象是道尔顿在一次节日前为父母和兄弟姐妹买袜子时，结果大家对袜子的颜色产生不同结论时发现的。这种病的症状引起了道尔顿的好奇心，他开始调查研究这个课题，最终发表了一篇关于色盲的论文——第一篇有关色盲的论文。在英国，色盲也因此被叫作道尔顿症。

道尔顿希望在他死后对他的眼睛进行检验，以找出他色盲的原因。他认为可能是因为他的水样液是蓝色的。去世后的尸检发现眼睛正常，但是 1990 年对其保存在皇家学会的一只眼睛进行 DNA 检测，发现他缺少对绿色敏感的色素。

# 7.5　害羞的科学家
## ——卡文迪许

姓名：亨利·卡文迪许
国籍：英国
性别：男
生卒日：1731—1810

　　卡文迪许是英国化学家、物理学家，公元 1731 年 10 月 10 日生于法国尼斯，1742—1748 年他在伦敦附近的海克纳学校读书。1749—1753 年期间在剑桥彼得豪斯学院求学。在伦敦定居后，卡文迪许在他父亲的实验室中当助手，做了大量的电学、化学研究工作，他的实验研究持续达 50 年之久。1760 年卡文迪许被选为伦敦皇家学会成员，1803 年又被选为法国研究院的 18 名外籍会员之一。公元 1810 年 3 月 10 日，卡文迪许在伦敦逝世，终身未婚。

## 卡文迪许的成就

　　卡文迪许毕生致力于科学研究，从事实验研究达 50 年之久，性格孤僻，很少与外界来往。卡文迪许的主要贡献有：1781 年首先制得氢气，并研究了其性质，用实验证明它燃烧后生成水。但他曾把发现的氢气误认为燃素，不能不说是一大憾事。1785 年卡文迪许在空气中引入电火花的实验使他发现了一种不活泼的气体的存在。他在化学、热学、电学、万有引力等方面进行了很多成功的实验研究，但很少发表，过了一个世纪后，英国物理学家麦克斯韦（1831—1879）整理了他的实验论文，并于 1879 年出版了名为《尊敬的亨利·卡文迪许的电学研究》一书，此后人们才知道卡文迪许做了许多电学实验。麦克斯韦对卡文迪许生前的研究与实验非常敬佩，并给予了高度评价。

## 学者的首富

据说卡文迪许很有素养，但是没有当时英国的那种绅士派头。他不修边幅，几乎没有一件衣服是不掉扣子的；他不好交际，不善言谈，终生未婚，过着奇特的隐居生活。卡文迪许为了搞科学研究，把客厅改作实验室，在卧室的床边放着许多观察仪器，以便随时观察天象。他从祖上接受了大笔遗产，成为百万富翁。不过他一点也不吝啬。有一次，他的一个仆人因病生活发生困难，向他借钱，他毫不犹豫地开了一张 1 万英镑的支票，还问够不够用。卡文迪许酷爱图书，他把自己收藏的大量图书，分门别类地编上号，管理得井然有序，无论是借阅，甚至是自己阅读，也都毫无例外地履行登记手续。卡文迪许可算是一位活到老、干到老的学者，直到 79 岁高龄、逝世前夜还在做实验。卡文迪许一生获得过不少外号，有"科学怪人""科学巨擘""最富有的学者，最博学的富豪"等。

**扩展阅读**

### 卡文迪许手稿

1810 年卡文迪许逝世后，他的侄子齐治把卡文迪许遗留下的 20 捆实验笔记完好地放进了书橱里，谁也没有去动它。谁知手稿在书橱里一放竟是 70 年。一直到了 1871 年，另一位电学大师麦克斯韦应聘担任剑桥大学教授并负责筹建卡文迪许实验室时，这些充满了智慧和心血的笔记获得了重返人间的机会。麦克斯韦仔细阅读了前辈在 100 年前的手稿，不由大惊失色，连声叹服说："卡文迪许也许是有史以来最伟大的实验物理学家，他几乎预料到电学上的所有伟大事实。这些事实后来通过库仑和法国哲学家的著作闻名于世。"此后麦克斯韦决定搁下自己的一些研究课题，呕心沥血地整理这些手稿，使卡文迪许的光辉思想流传了下来。

# 7.6　发现元素最多的人
## ——戴维

姓名：汉弗莱·戴维
国籍：英国
性别：男
生卒日：1778—1829

　　汉弗莱·戴维 1778 年 12 月 17 日出生在英国，1829 年 5 月 29 日去世，是化学史上最伟大的化学家之一。

## 一年发现 7 种元素

　　戴维生活的时代，工业革命在英国蓬勃地展开。燃料普遍以煤代替木材，大大刺激了煤矿的开采。然而瓦斯爆炸时常发生，它像魔鬼一样使矿工不寒而栗。矿主和矿工组成的"预防煤矿灾祸协会"，久仰戴维的大名，登门请求戴维帮助。戴维立即亲赴矿场分析这一爆炸性气体，证明可燃气体都有一定燃点，而瓦斯的燃点较高，只有在高温下才可能点燃爆炸，通常由于矿井中点火照明而引爆了瓦斯。针对这点，戴维制作了一种矿用安全灯，并亲自携带此灯深入最危险的矿区作示范。戴维的发明很快被推广，有效地减少了瓦斯的燃爆，深受矿工们欢迎。这时有人劝戴维保留这一发明的专利，但是他拒绝了，他郑重申明："我相信我这样做是符合人道主义的。"由此可见他从事科研的目的。

　　戴维在研究硼酸、硝石、金刚石，在发现碘元素、发明弧光灯等许多方面做出了出色的成绩。在这些成绩之外，还有两件工作是后人常常称颂的。

1809 年戴维用 200 多个电池组成了巨型电池，电解了碳酸钾和碳酸钠的熔融液，获得了金属钾和钠。后来，他又建造了更巨大的电池组，分解了石灰（含钙）、苦土（含镁）、重晶石（含钡）、硫酸锶矿（含锶），从中发现了钙、镁、钡、锶四种元素。同年他又发现和取得了新元素硼。至此，戴维在不到一年的时间里，竟发现了 7 种元素，在元素发现史上他独占鳌头，成为发现元素最多的化学家。

## 最伟大的发现——法拉第

是戴维发现了英国物理学家法拉第（1791—1867）的才能，并将这位铁匠之子、小书店的装订工招收到大研究机关——皇家学院做他的助手。戴维具有伯乐的慧眼，这已被人们作为科学史上的光辉范例，争相传颂。戴维自己也为发现了法拉第这位科学巨擘而自豪。他临终前在医院养病期间，一位朋友去看他，问他一生中最伟大的发现是什么，他绝口未提自己发现的众多化学元素中的任何一个，却说："我最大的发现是一个人——法拉第！"

由于戴维的帮助，法拉第来到了皇家科普协会实验室，由一个贫穷的订书工变成戴维的助手。虽然戴维在晚年，曾因嫉妒法拉第的成就而压制过他，但是不能不承认正是戴维对他的培养，为法拉第以后完成科学的勋业创造了必要的条件。所以戴维发现并培养了法拉第这样一个杰出人才，这本身就是对科学事业的一个重大贡献。

# 7.7　化学家兼慈善家
## ——诺贝尔

**姓名：**阿尔弗雷德·伯纳德·诺贝尔

**国籍：**瑞典

**性别：**男

**生卒日：**1833—1896

　　炸药就是可以非常快速地燃烧或分解的物质，能在短时间释放出大量的热能并产生高温高压气体，对周围物质起破坏、抛掷和压缩等作用。

## 德国的 TNT

　　第一次世界大战之前，以法英为首的协约国集团对德国进行了武器禁运，尤其是限制德国进口硝石。因为硝石是制造炸药的原料，当时人们制造炸药的方法是这样的：硝石与硫酸反应制出硝酸，然后再用硝酸来制作。法国人和英国人以为这样可以扼住德国人的脖子，使德国人不敢轻举妄动。

　　1914年第一次世界大战终于爆发了，协约国又错误地估计，战争顶多只会打半年，原因是德国的硝酸不足，火药生产受到了限制，但是，第一次世界大战整整打了4年多，造成了极大的灾难，夺去了人们无数的生命财产。

　　德国为什么能坚持这么久的战争呢？是什么力量在支持着它呢？这就是化学，德国人早就对合成硝酸进行了研究。

　　1908年，德国化学家哈柏（1868—1934）首先在实验室用氢和氮气合成了氨，这是一项重大的突破。后由布什提高了产率，完成了工业化设计、建立了年产1000t

氨的生产装置、用氨氧化法可生产 3000t，硝酸，利用这些硝酸可制造 3500t 烈性炸药 TNT。这项工作已在大战前的 1913 年便完成了，这就是德国 TNT 的秘密。

# 炸药大王

诺贝尔 1833 年 10 月 21 日出生于瑞典首都斯德哥尔摩，母亲是以发现淋巴管而成为著名的瑞典博物学家——鲁德贝克的后裔，他从父亲伊曼纽尔·诺贝尔那里学习了工程学的基础，也像父亲一样具有发明的才能。诺贝尔一家于 1842 年离开斯德哥尔摩，同当时正在圣彼得堡的父亲相团聚。

诺贝尔父子在斯德哥尔摩市郊建立实验室，首次研制出解决炸药引爆的雷汞管。1863 年开始生产甘油炸药，由于液体炸药容易发生爆炸事故，1866 年他制造出固体的安全猛烈炸药"达那马特"，这一产品成为以后诺贝尔国际性工业集团的基石。1867 年又发明安全雷管引爆装置，随后又相继发明威力更大的多种炸药。他毕生共有各类炸药及人造丝等近 400 项发明，获 85 项专利。这些发明使诺贝尔在世界化学史上占有重要地位。

诺贝尔的 299 种发明专利中有 129 种发明是关于炸药的，所以诺贝尔被称为炸药大王。

**扩展阅读**

三硝基甲苯，又名 TNT,1863 年由威尔伯兰德在一次失败的实验中发明，但在此后的很多年里一直被认为是由诺贝尔所发明，造成了很大的误解。三硝基甲苯是一种威力很强而又相当安全的炸药，即使被子弹击穿一般也不会燃烧和起爆。它在 20 世纪初开始广泛用于装填各种弹药和进行爆炸，逐渐取代了苦味酸。在第二次世界大战结束前，TNT 一直是综合性能最好的炸药，被称为"炸药之王"。

精炼的三硝基甲苯十分稳定，需要雷管启动。它也不会与金属起化学作用或者吸收水分，因此它可以存放多年。

每千克 TNT 炸药可产生 420 万焦 [耳]（J）的能量。而现今有关爆炸和能量释放的研究，也常常用"千克2TNT 炸药"或"吨 TNT 炸药"为单位，以比较爆炸、地震、行星撞击等大型反应时的能量。

# 7.8　两次诺贝尔之旅
## ——居里夫人

**姓名：玛丽·居里**

**国籍：法国**

**性别：女**

**生卒日：1867—1934**

　　居里夫人即玛丽·居里，是一位原籍为波兰的法国科学家。她与她的丈夫皮埃尔·居里都是放射性的早期研究者，他们发现了放射性元素钋和镭，并因此与法国物理学家亨利·贝克勒尔（1852—1908）分享了 1903 年诺贝尔物理学奖。之后，居里夫人继续研究了镭在化学和医学上的应用，并且因分离出纯的金属镭而又获得 1911 年诺贝尔化学奖。

## 第一次获得诺贝尔奖

　　从 1896 年开始，居里夫妇共同研究起了放射性。在此之前，德国物理学家伦琴（1845—1923）发现了 X 射线（他因此获得 1901 年诺贝尔物理学奖），贝克勒尔发现了铀盐发射出类似的射线，居里夫人发现钍 (Th) 亦具有放射性，并且她发现沥青铀矿中含有某种物质比铀和钍的放射性都要强。居里夫妇于是努力寻找，终于在 1898 年宣布发现了放射性元素镭。他们最终从 8t 废沥青铀矿中制得 1g 纯净的氯化镭，还提出了镭射线（现在已知它是由电子组成的）是带负电荷的微粒的观点。

# 第二次获得诺贝尔奖

1906 年皮埃尔·居里不幸被马车撞死，但居里夫人未因此而倒下，她仍然继续研究，于 1910 年与德比恩一起分离出纯净的金属镭。

1914 年第一次世界大战爆发时，居里夫人用 X 射线设备装备了救护车，并将其开到了前线。国际红十字会任命她为放射学救护部门的领导。在她女儿依琳娜 (Irene Curie) 和克莱因 (Martha Klein) 的协助下，居里夫人在镭研究所为部队医院的医生的护理员开了一门课，教他们如何使用 X 射线这项新技术。20 世纪 20 年代末期，居里夫人的健康状况开始走下坡路，长期受放射线的照射使她患上白血病，终于在 1934 年 7 月 4 日不治而亡。在此之前几个月，她的女儿依琳娜和女婿约里奥·居里 (Joliot-Curie) 宣布发现人工放射性（他们俩因此而荣获 1935 年诺贝尔化学奖）。

**扩展阅读**

居里夫人的大半生都是清贫的，提取镭的艰苦过程是在简陋的条件下完成的。居里夫妇拒绝为他们的任何发现申请专利，为的是让每个人都能自由地利用他们的发现。他们把诺贝尔奖金和其他奖金都用到了以后的研究中去了。他们的研究工作的杰出应用之一就是应用放射性治疗癌症。

居里夫人的大女儿伊琳娜于 1939 年荣获诺贝尔化学奖，小女儿艾芙日后成为杰出的音乐教育家和传记作家。

当伊琳娜和艾芙还在幼年时期，居里夫人就不许女儿怕黑，不许雷声轰隆时把头藏在枕头下，不许怕贼与流行病。在第一次世界大战战火纷飞的恐怖日子里，居里夫人强迫她的女儿暑假到国内外旅行，并让她俩给战士织毛衣。她俩还加入收获队，代替男子冒着危险去抢收麦子，从小培养她们勇敢而有主见的独立人格。

为了发掘孩子的天赋，当女儿刚上学时，居里夫人让她们每天进行 1h 的智力工作。当姐妹俩入中学后，她就让女儿每天放学后再上一节"特殊教育课"，即在实验室里请人教姐妹俩化学、数学、文学、历史、雕塑、绘画及自然科学。

居里夫人从小培养孩子独立自主的人格，强化体魄训练，锻炼意志和力量，特别是她成功地发掘了两个女儿的天赋，而最终使她们成为杰出人物。